耐热性聚氨酯复合树脂及其
IMD 油墨应用技术

林 璟 著

西北工业大学出版社

【内容简介】 本书主要总结了耐热性聚氨酯复合树脂的制备及其在 IMD 特种油墨中的应用研究工作，系统介绍了高性能聚氨酯复合树脂设计合成思路和耐热性机制。本书是在作者多年来从事关于耐热性聚氨酯复合树脂的制备及其在 IMD 特种油墨中的应用的研究成果基础上，结合了国内外最新的研究成果，查阅了大量国内外资料编写而成的，旨在对 IMD 油墨的研究开发工作进行系统的介绍，弥补国内关于 IMD 用树脂研究的空缺，从而使该领域的科研和工程技术人员对 IMD 油墨开发的关键技术有比较全面的了解。

本书可作为高等院校或从事树脂合成和油墨研究科研技术工作者的参考用书,也可以作为相关职业培训班的读物。

图书在版编目(CIP)数据

耐热性聚氨脂复合树脂及其 IMD 油墨应用技术/林璟著 . —西安:西北工业大学出版社,2014.10

ISBN 978 - 7 - 5612 - 4163 - 9

Ⅰ.①耐… Ⅱ.①林… Ⅲ.①抗热性—聚氨酯—合成树脂②表面装饰—油墨 Ⅳ.①TQ322

中国版本图书馆 CIP 数据核字(2014)第 226207 号

出版发行:西北工业大学出版社

通信地址:西安市友谊西路 127 号   邮编:710072

电　　话:(029)88493844　88491757

网　　址:www.nwpup.com

印　刷　者:陕西向阳印务有限公司

开　　本:727 mm×960 mm　1/16

印　　张:10.875

字　　数:176 千字

版　　次:2014 年 10 月第 1 版　2014 年 10 月第 1 次印刷

定　　价:39.00 元

前　言

　　近年来,随着低碳低能耗环保要求标准的不断提高,油墨印刷行业已逐步进入技术转型的新阶段,低效率、高能耗、高污染的传统印刷工艺面临着被淘汰的趋势。新兴的模内装饰(In-Mould Decoration,IMD)技术给塑料印刷行业带来了新的机遇和挑战。IMD 技术现已成为国际风行的塑料表面装饰技术。IMD 技术可以取代许多传统的制造流程,如热转印、喷涂、印刷、电镀等外观装饰方法,使得塑料制品制造的流程产生了重大变革。IMD 技术是一项工序较为简单并且环保,快速高效、成本相对较低的新技术,适用于手机外壳、家电、电子产品、电脑部件、仪表盘、汽车部件等塑料产品,具有高质量、耐久性、多样性等优点。由于 IMD 技术需经过塑料层的注塑成型工艺,作为印刷图案的中间油墨层需要满足以下几点要求:①具有耐高温(注塑温度约为 300 ℃)的特性,注塑时,油墨不会产生退色或扩散现象;②具有一定的柔韧性和可成型性;③表面硬度高;④具有优良的耐冲击性;⑤油墨与光油、接着剂具有良好的黏结性;⑥良好的耐水、耐酸碱性。单一的树脂无法满足以上要求,为此,开发出满足以上要求且性能优异的 IMD 油墨用复合型树脂就成为需要解决的关键性技术问题,也是国内外研究的热点。

　　本书为研究耐热性聚氨酯复合树脂的制备及其 IMD 特种油墨的应用方面的专著,系统介绍了高性能聚氨酯复合树脂设计合成和耐热性机制,弥补了国内关于 IMD 用树脂研究的空缺。本书是在笔者多年来从事关于耐热性聚氨酯复合树脂的制备及其在 IMD 特种油墨中的应用的研究成果基础上,结合了国内外最新的研究成果,查阅了大量国内外资料编写而成的,旨在对 IMD 油墨的研究开发工作进行系统的介绍,从而使该领域的科研和工程技术人员对 IMD 油墨开发的关键技术有比较全面的了解。本书共分为 6 章,第 1 章:绪论。第 2 章:耐热性酚醛环氧基聚氨酯(EPU)的制备与表征。第 3 章:耐热性环氧丙烯酸基聚氨酯(EPUA)的制备与表征。第 4 章:纳米改性 SiO_2/环氧丙烯酸基聚氨酯(EPUA/SiO_2)的制备与表征。第 5 章:纳米改性石墨烯/环氧丙烯酸基聚氨酯(EPUA/RMGEO)的制备与表征。第 6 章：IMD 油墨的制备及其固化动力学和性能的研究。

本书得到了华南理工大学杨卓如教授的指导和大力支持，并且获得了广州大学学术专著出版基金资助，在此表示衷心的感谢！在本书编写过程中，承蒙有关专家学者的审阅和建议，在此深表谢意。

限于水平，书中可能有疏漏之处，敬请广大读者批评指正。

广州大学　林璟

2014 年 5 月

目　　录

第1章 绪 论

1.1 引 言

近年来,模内装饰技术(In-Mould Decoration, IMD)已成为国际风行的塑料表面装饰技术。模内装饰技术利用彩色印刷的方式,在涂覆了光油的透明薄膜上做油墨印刷和涂覆接着剂后,再放入塑料成型模具内做塑料射出成型,以产生塑料产品表面的彩色美观效果。其产品表面为硬化透明膜,中间为印刷图案的油墨层,背面为注塑成型材料层,可防止产品表面被刮花和摩擦,且能长期保持颜色鲜明而不退色。IMD 技术使得塑料产品表面装饰的制造流程产生了重大改变,可以取代许多传统的制程,如热转印、喷涂、印刷、电镀等外观装饰方法,尤其是需要多种色彩图像或背光效果等的相关产品。IMD 技术适合于手机外壳、家电、电子产品、电脑部件、仪表盘、汽车部件等塑料产品,由于 IMD 技术需经过塑料层的注塑成型工艺,作为印刷图案的中间油墨层需要满足以下几点要求:①具有耐高温(注塑温度约为 300℃)的特性,注塑时,油墨不会产生退色或扩散现象;②具有一定的柔韧性和可成型性;③具有一定的表面硬度;④具有优良的耐冲击性;⑤油墨与光油、接着剂具有良好的黏结性;⑥良好的耐水、耐酸碱性。单一的树脂无法满足以上要求,为此,开发出满足以上几点要求且性能优异的 IMD 油墨用复合型树脂就成为需要解决的关键性问题。

聚氨酯具备强柔韧性、高弹性、高抗冲击性、抗刮伤和耐摩擦、高光泽、高抗张强度等优异性能,能很好地满足 IMD 油墨主体树脂的大部分要求。但传统的聚氨酯只能耐约 200℃高温,且表面硬度一般。因此需要提高聚氨酯的表面硬度和耐高温至 300℃,且不降低其他性能,才能满足 IMD 油墨综合性能的要求。为此,采取一定的方式对聚氨酯进行改性且能够很好地平衡其综合性能成为了本书的难点。聚氨酯的热降解机理研究表明:引入高键能的环式有机基团及较高键能的无机粒子至聚氨酯体系中,可以提高聚氨酯的耐热性;再者,增加聚氨酯的微相分离程度,增加氢键结合能力,增加聚氨酯的交联度,也能在一定程度上提高其耐热性。因酚醛环氧树脂具有高键能的苯环基团和刚性,SiO_2具有高键能的硅氧键和增韧增强作用,石墨烯具有高强度、高模量等特性,笔者尝试通过改性的方式引入酚醛环氧树脂、SiO_2无机粒子和石墨烯至聚氨酯体系中,构造交联的空间网络结构,考察改性 SiO_2 和改性石墨烯的微观形貌,及改性环氧树脂、改性 SiO_2 和改性石墨烯在复合树脂中的分散均一性,研究三者对聚氨酯复合树脂和相应的 IMD 油墨的耐热性和涂膜性能等的影响,制备出能够满足综合性能要求的 IMD 油墨。

1.2　IMD 油墨的研究状况

1.2.1　IMD 技术研究

IMD 技术是一项快速、高效、成本相对较低且较为环保的模内装饰技术,能得到各种各样彩色表面的塑料零、部件,远优于已沿用很多年的油墨涂装技术。IMD 的投入只需要使用标准的热成型和注塑成型设备,远比涂漆生产线简易,而且可以避免汽车装饰制造过程中遇到的油墨涂装生产线有毒挥发性有机化合物带来的环境污染问题,从而能节省控制大量有毒挥发物的费用。IMD 产品制造流程如图 1-1 所示,第一步工序为印刷了油墨层的 IMD 用装饰片材的制备,首先油墨通过带有多色墨斗的印刷机涂覆在涂有一层脱模剂的 0.18 mm 厚度的 PC 或 PET 薄膜上,通过印刷后在 70～90℃烘箱中进行表面干燥成膜,彩色图案可以通过多色墨斗的调节进行多层印刷,然后涂覆一层接着剂,成卷后放至堆积箱中,最后在 40～60℃烘箱中彻底干燥,油墨通过 5 h 左右完全固化后成为 IMD 用的装饰片材;第二步工序为注塑成型工序,如图 1-2 所示,将已印刷成型好的装饰片材经裁剪后放入注塑模内,然后将塑料注射在成型片材的背面,使塑料与片材接合成型后剥离制成 IMD 产品。

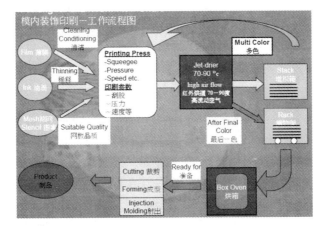

图 1-1 IMD 产品制造流程图

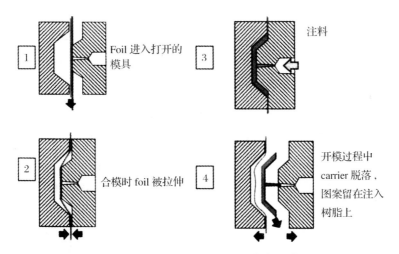

图 1-2 IMD 热注塑成型工艺流程图

1.2.2 IMD 油墨用树脂的研究

目前,关于 IMD 油墨用树脂的研究报道较少。近年来,国外学者发表了少数关于 IMD 油墨的专利,Kessel 等[1]报道了以芳香族或脂肪族聚碳酸酯为主体的聚氨酯丙烯酸低聚物加入颜料和填料后,通过引发剂紫外光热引发聚合得到聚氨酯油墨涂层,该油墨具有良好的黏结性能和高弹性,其工艺大大减少了溶剂的使用量。Fujimaki 等[2]研究了多种用于 IMD 油墨的树脂,包括聚酯和聚酰亚胺中添加的有机硅和氟碳树脂,研究发现添加有机硅和氟碳树脂有助于提高聚酯和聚酰亚胺树脂的耐热性。但聚酰亚胺耐高温聚合物由于其生产成本太高,基材易受碱及强酸的作用及需要使用极性强的特殊溶剂等不足,限制了其发展。迄今为止,德国宝龙油墨、日本十条油墨、日本帝国油墨已经对 IMD 油墨进行了研究开发,国内尚无相关报道。

IMD 技术及其工艺为热注塑成型产品的表面装饰带来了革命性的技术进展,其生产工序简易,生产效率高,环保且能将彩色涂层印刷于常规方法较难印刷的不规则材料表面。由于 IMD 工艺涉及热注射及其他弯曲加工成型工序,因此,对 IMD 油墨用的树脂提出了更高的要求:树脂需要较好的耐温变性、柔韧性、附着力、表面硬度、抗冲击性、耐水、耐酸碱性、低收缩率等性能。用做 IMD 油墨用树脂的具体要求:固化温度为 80℃ 左右,表面硬度为 5 H,柔韧性为 3 mm,附着力为 1 级,耐冲击性为 40 cm,耐水性为 5 d,耐酸碱性为 3 d,$T_5 > 320℃$(T_5 为热失重质量为 5% 时的温度)。其配置成的 IMD 油墨的具体性能要求:表面硬度为 5 H,柔韧性为 3 mm,附着力为 1 级,耐冲击性为 40 cm,耐水性为 1 周,耐酸碱性为 5 d,耐 300℃ 温变时间在 1 min 以上。

众所周知,聚氨酯具有良好的柔韧性、高弹性、高抗冲击性、抗刮伤和耐摩擦、高光泽、高抗张强度等优异性能,这些方面的优异性能能满足 IMD 油墨用树脂的要求,但是其耐热性和硬度不能满足 IMD 油墨用树脂性能的要求。环氧树脂具有优良的硬度、附着力、低收缩率、耐水性和耐酸碱性,其耐热性、表面硬度、耐水性和耐酸碱性都优于传统的聚氨酯,尤其是特种环氧树脂如酚醛环氧树脂,具有极好的耐热性和表面硬度。但是环氧树脂固化后存在内应力大、质脆、柔韧性、抗冲击性、耐开裂性和加工性能等较差的缺点,为此,单一的聚氨酯或环氧树脂都不能很好地满足 IMD 油墨用树脂性能的要求。因此,开发出满足以上几点性能要求的综合性能优异的 IMD 油墨用复合型树脂就成为需要解决的关键性问题。

综上所述,聚氨酯和环氧树脂各具独特的性能,结合两者优异的性能,取长补短,理论上可以在一定程度上满足 IMD 油墨用树脂的要求。为此,环氧基聚氨酯复合树脂作为 IMD 油墨用树脂具有广泛的前景。当环氧树脂引入到聚氨酯体系中的量较小时,复合树脂的性能体现出的是聚氨酯的性能,随着环氧树脂引入到聚氨酯体系中的量增大,复合树脂则体现出更多的环氧树脂的性能,由于两者间存在着优点和缺点,故需要在两者间找到一个平衡点或通过第三种成分的引入来克服两者的缺点并强化复合树脂的综合性能,有机/无机纳米杂化技术为后者的实现奠定了可行性基础。由于有机/无机纳米复合材料类似于高分子的互穿网络,这种无机纳米粒子在有机树脂相中的杂化网络使得杂化材料具有更优异的性能。无机纳米粒子在有机树脂相中能取到增韧、增强和提高耐热性等性能。为此,无机纳米粒子/环氧基聚氨酯复合树脂将会成为 IMD 油墨用树脂的研究热点。

1.3 耐热性聚氨酯的研究状况

聚氨酯具有高抗张强度、耐磨、高弹性、柔韧性、高抗冲性等优异的性能,被广泛应用于油墨、胶黏剂、涂料、弹性体等领域。但是,传统的纯聚氨酯耐热性较差,在环境温度到达 80~90℃时,一些比较重要的力学性能如强度、模量等都会下降,当温度超过 200℃时,聚氨酯材料将会发生热降解[3],这在一定程度上限制了它在高温加工或高温使用等方面的应用。为此,耐热性聚氨酯树脂的热稳定性研究成为了具有重要意义的研究热点。

近年来,众多的科学研究工作者已对聚氨酯的耐热性进行了深入的研究[4-10],一般通过引入具有高键能的环式基团或其他耐热性基团到聚氨酯体系,如三嗪环、苯环、唑烷酮、酰亚胺、氟碳键、硅氧烷等基团。这些基团的含量及其在聚氨酯体系中的结合方式都对聚氨酯耐热性产生了较大的影响。为此,了解聚氨酯的热降解机理及其热稳定性影响因数对寻找合适的提高其耐热性的方法至关重要。

1.3.1 聚氨酯的热降解研究

聚氨酯的热分解是一个复杂的物理化学过程,相关的研究报道较多[8-12]。一般认为,聚氨酯的热分解至少分为两个阶段,起始阶段的热失重是从聚氨酯的硬段开始的。在聚氨酯链段中,软段中的基团主要是酯基或醚基,硬段中则包括氨基甲酸酯、脲基甲酸酯、缩二脲和由异氰酸酯衍生的基团,含量最多的是氨基甲酸酯。在聚氨酯的热降解过程中,这些基团的初始热分解温度顺序为:异氰酸酯三聚体(350℃)>脲(250℃)>氨基甲酸酯(200℃)>缩二脲(135~140℃)>脲基甲酸酯(106℃)[13]。通常脲基甲酸酯和缩二脲的热降解是可逆的,分解成氨基甲酸酯和脲。氨基甲酸酯比脲热降解温度低,在主链上它比脲基先降解。

氨基甲酸酯的热降解主要分为以下 3 种形式[14],在这 3 种降解方式中,后两者为不可逆反应。氨基甲酸酯基团发生哪一种降解,取决于它的结构和反应条件。

第一种:氨基甲酸酯高温时分解成异氰酸酯和醇,见式(1-1),且热降解过程是可逆的:

$$R—NH—\overset{\overset{\displaystyle O}{\|}}{C}—O—R' \rightleftharpoons R—NCO + R'—OH \qquad (1-1)$$

第二种:主链上的氨基甲酸酯氧原子发生断键,与 β 碳上的 H 质子结合,生成氨基甲酸和烯烃,然后氨基甲酸又分解成伯胺和 CO_2,见式(1-2):

$$R—NH—\overset{\overset{\displaystyle O}{\|}}{C}—O—CH_2—CH_2—R' \longrightarrow R—NH—\overset{\overset{\displaystyle O}{\|}}{C}—OH + R'—CH=CH_2$$

$$\qquad\qquad\qquad\qquad\qquad\qquad\qquad\qquad \downarrow$$

$$\qquad\qquad\qquad\qquad\qquad\qquad\qquad RNH_2 + CO_2 \qquad (1-2)$$

第三种:与氨基甲酸酯相连的 $O—CH_2$ 基首先发生断键,然后 $—CH_2$ 与 NH 键合,生成 CO_2 和仲胺,见式(1-3):

$$R—NH—\overset{\overset{\displaystyle O}{\|}}{C}—O—CH_2—R' \longrightarrow R—NH—CH_2—R' + CO_2 \qquad (1-3)$$

脲基在高温时发生降解生成异氰酸酯和胺,见式(1-4):

$$R—NH—\overset{\overset{\displaystyle O}{\|}}{C}—NH—R' \rightleftharpoons R—NCO + R'—NH_2 \qquad (1-4)$$

1.3.2　聚氨酯热稳定性的影响因素

聚氨酯热稳定性的影响因素较多,主要包括软段、硬段、扩链剂的结构、NCO:OH 比值、微相分离程度、氢键和交联度等等。

1. 软段对热稳定性的影响

聚氨酯的软段是指由低聚物多元醇组成的柔性链段,可分为聚酯型、聚醚型等。软段的结构和分子量都会影响聚氨酯的热稳定性。其他条件相同的情况下,聚酯型聚氨酯的耐热性能优于聚醚型聚氨酯,主要是因为聚酯含有极性较大的酯基,内聚能较大,可形成较强的分子内氢键,其分子间作用力大于聚醚,而醚键的内聚能相对较低,与氧原子相邻的亚甲基易被氧化,导致 C—O 键断裂,降低了聚醚型聚氨酯的热稳定性。且聚酯型聚氨酯中,芳香族比脂肪族的聚氨酯热稳定性高[15-16]。

聚氨酯软段中的多元醇分子量或分子链长对聚氨酯热降解的特征分解温度没有明显影响,却对失重速率有较大影响。Pielichowski 等[17]通过二苯基甲烷二异氰酸酯(MDI)与羟基化合物合成聚氨酯,研究发现,羟基化合物中含氧量越高,聚氨酯的热稳定性越好。Petrovic 等[14]研究了软段分子量和含量对聚氨酯热降解表观活化能的影响。随着聚合物多元醇分子量的增加,聚氨酯失重速率降低,而特征热分解温度无太大差别,总体热稳定性增加。Wang 等[18]分别利用聚乙二醇(PEG)、聚丙二醇(PPG)、聚四氢呋喃醚(PTMG)与二苯基甲烷二异氰酸酯(MDI)反应,以三乙烯二胺作为扩链剂,合成三种聚氨酯,其热稳定性次序为 PTMG 基聚氨酯>PPG 基聚氨酯>PEG 基聚氨酯。若增加 PPG 基聚氨酯软段的分子量,其热稳定性下降,然而增加 PEG 基和 PTMG 基聚氨酯软段的分子量,其热稳定性反而增加。同样,Grassie 等[19]的研究结果表明增加聚氨酯软段的分子量,其热稳定性增加。Ferguson 等[20]的研究结果表明在热降解低温段,随着聚氨酯软段的分子量增加,热稳定性增加,然而在热降解高温段,却呈现相反趋势。

2. 硬段对热稳定性的影响

聚氨酯的硬段是由二异氰酸酯与二元醇、二元胺等扩链剂反应得到,其中芳香基、氨基甲酸酯基构成内聚能较大的刚性链段,彼此缔合在一起形成硬段相。

Liu 等[21]研究表明聚氨酯硬段的化学组成、结构对称性、含量和长度都对热稳定性有很大影响。Song 等[22]对比了由脂肪族聚酯多元醇与二苯基甲烷二异氰酸酯(MDI)、甲苯二异氰酸酯(TDI)、苯二亚甲基二异氰酸酯(XDI)合成的聚氨酯热稳定性,结果表明其热稳定性顺序为:XDI 基聚氨酯 > MDI 基聚氨酯 > TDI 基聚氨酯。Zhang 等[23]发现结构对称性好的 MDI 基聚氨酯比对称性不好的 TDI 基聚氨酯的热稳定性高。Chattopadhyay 等[24]分别用甲苯二异氰酸酯(TDI)和异佛尔酮二异氰酸酯(IPDI)与聚四氢呋喃二醇、三羟甲基丙烷合成了湿固化聚氨酯,发现在低温段,IPDI 基聚氨酯热稳定性比 TDI 基聚氨酯好,在高温段则相反。Coutinho 等[25]比较了由六亚甲基二异氰酸酯(HDI)、二环己基甲烷二异氰酸酯(H_{12}MDI)、异佛尔酮二异氰酸酯(IPDI)制备的水性聚氨酯的热稳定性,发现含柔性链节 CH_2 的 HDI 基聚氨酯热稳定性最差,可能因柔性链节 CH_2 促进了热降解,H_{12}MDI 基聚氨酯热稳定性最好,因其对称性结构有利于热稳定。Stanciu 等[26]用多种二异氰酸酯制备聚酯-聚硅氧烷-聚氨酯,并比较其热稳定性,结果表明其热稳定性顺序为:萘二异氰酸酯(NDI)基

聚氨酯 ＞ 4,4 -二苯醚二异氰酸酯基聚氨酯 ＞ 甲苯二异氰酸酯(TDI)基聚氨酯 ＞ 二苯基甲烷二异氰酸酯(MDI)基聚氨酯 ＞ 六亚甲基二异氰酸酯(HDI)基聚氨酯。

通常,二异氰酸酯刚性越强、规整性和对称性越好,因制备的聚氨酯链段中因含有对称刚性结构,链段间引力增加,结晶性增强,所得聚氨酯热稳定性就越高。由芳香族异氰酸酯制备的聚氨酯,含刚性苯环或萘环结构,硬段内聚能大,链段间易形成硬段相微区,使基材发生微相分离,耐热性得到提高[27]。

聚氨酯的热降解不仅与异氰酸酯分子结构有关,而且受硬段的含量影响。增加异氰酸酯用量,则聚氨酯硬段的含量增加,内聚能增大,结晶性增强,耐热性得到提高。Petrovic 等[14]研究认为,在第一热分解阶段,聚氨酯起始分解温度随着硬段的含量降低而升高,在第二热分解阶段则恰恰相反,分解温度随硬段的含量升高而升高。

3. 扩链剂对热稳定性的影响

扩链剂分子中一般有 2 个或以上的反应活性官能团,例如二元醇、二元胺、多元醇、多元胺,扩链剂与聚氨酯预聚体反应,进一步增长其分子链。扩链剂的链长、含量、端基基团的类型都会影响聚氨酯硬段的结晶性,进而影响其热稳定性。Lee 等[28]研究表明增加扩链剂的含量会增加聚氨酯的起始降解温度。

由二元胺扩链二异氰酸酯生成的脲基极性比由二元醇扩链得到的氨酯基极性强,相应的刚性链段也易聚集在一起形成硬段相,从而增加氢键,故二元胺扩链所得聚氨酯的耐热性比二元醇扩链所得聚氨酯强。Zulfiqar[29] 和 Abu-Zeid[30]研究表明支链结构的扩链剂会阻碍聚氨酯分子间氢键的形成,阻碍硬段的聚集,降低相分离程度,从而降低热稳定性。Blackwell 等[31-32]研究表明含偶数个亚甲基—CH_2—的扩链剂比含奇数个亚甲基—CH_2—扩链剂形成的聚氨酯相分离度更高。Chuang 等[33]以二苯基甲烷二异氰酸酯(MDI)和聚四氢呋喃醚(PTMG - 1000)合成预聚体,分别以 2,4 -己二炔 - 1,6 -二醇(DA),1,4 -丁烯二醇(BYD)做为扩链剂,结果表明 DA 扩链的聚氨酯比 BYD 扩链的聚氨酯热稳定性好。

若其他条件相同,则二元胺扩链的聚氨酯比二元醇扩链的聚氨酯热稳定性好[34-35],因为前者形成脲键,后者形成氨基甲酸酯键,脲键比氨基甲酸酯键形成更多氢键,促进更大程度的相分离。Liaw[36]对比了不同芳香族二元醇、芳香族二元胺扩链聚氨酯的热稳定性,其次序为

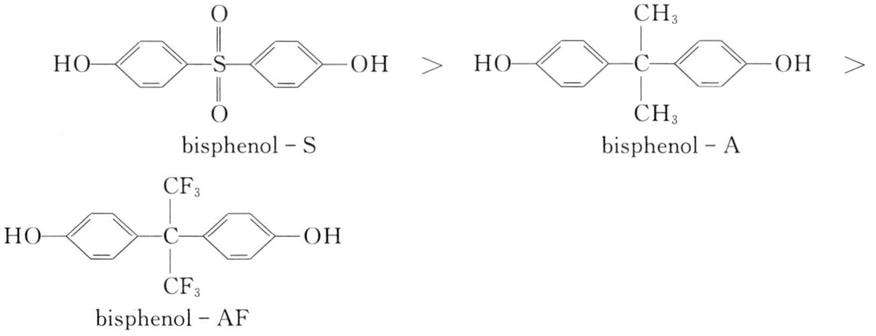
HO
OH
bisphenol - S
CH3
HO
OH
bisphenol - A
CF3
HO
OH
bisphenol - AF

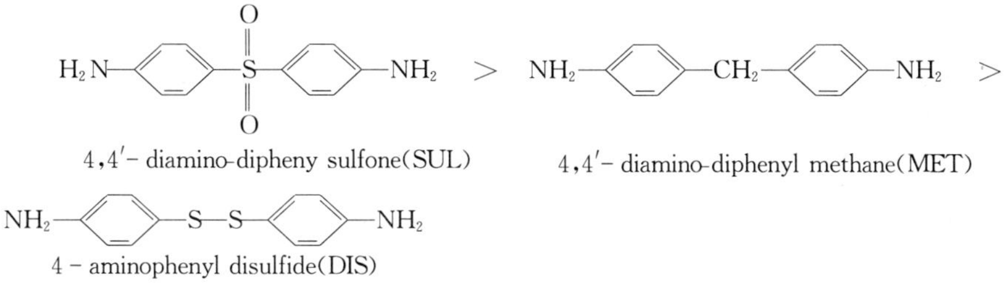
H2N
NH2
4,4′- diamino-dipheny sulfone(SUL)
NH2
CH2
NH2
4,4′- diamino-diphenyl methane(MET)
NH2
S—S
NH2
4 - aminophenyl disulfide(DIS)

AF基聚氨酯的热稳定性较弱是由于C—F键的存在使得分子间作用力减弱。DIS中由于含低键能S—S键，使得聚氨酯的热稳定性降低。S中含高键能的O ═S ═O，使其热稳定性较高。Qin等[37]合成了2,2′-二[4 -(4 -氨基苯氧基)-苯基]-砜(BAPS)，以其为扩链剂，并以PTMG，TDI—100为主要原料合成了含砜基聚氨酯弹性体，发现其热稳定性比MOCA扩链制备的聚氨酯高。由于耐热性较好的砜基和较多芳醚环的引入，且有明显微相分离形成，使得含砜基聚氨酯弹性体具有良好的热性能。

4. NCO∶OH比例对热稳定性的影响

众多研究表明NCO∶OH比例对聚氨酯结构有较大的影响。聚氨酯体系中异氰酸酯一方面增加了硬段数量，产生了更多的耐热性刚性链段，另一方面起到了交联作用，增大了交联密度，这两方面的作用都使得随着NCO∶OH值的增大，其热稳定性有一定的提高。

邹德荣等[38]研究了异氰酸酯数(R＝NCO∶OH)对聚氨酯弹性体性能的影响，结果表明，在其他条件一定时，异氰酸酯数从0.75增加到0.90时，分子结构中硬段的数量急剧增加，加快了微相分离现象的产生，产生强烈的氢键作用，并提高了热稳定性能，且NCO∶OH的比例会影响聚氨酯的热降解起始分解温度。

张跃冬等[39]研究了 NCO：OH 值对松香改性硬质聚氨酯泡沫塑料性能的影响,结果表明,随着 NCO：OH 值的增大,泡沫体的起始失重温度升高,高温尺寸的稳定性和强度均增加,但当 NCO：OH 值大于 3.0 之后,其高温尺寸的稳定性基本不变,而强度则下降。但是,NCO 基团过量太多,不仅会增加产品的成本,还会发生副反应,产生副产物。

5. 微相分离对热稳定性的影响

Cooper 等[40]在研究多嵌段聚氨酯时,首先提出了聚氨酯具有微相分离的本体结构。即由于聚氨酯共聚物中软段与硬段之间的热力学不相容性,软段及硬段能够通过分散聚集形成独立的微区,并且表现出各自的玻璃化温度。聚氨酯弹性体发生微相分离后,硬段微区分布于软段相中起着物理交联点的作用,因而可以显著提高聚氨酯弹性体的力学性能及热稳定性。

聚氨酯树脂中,硬段之间彼此缔合在一起形成硬段微区,其玻璃化转变温度高于室温,在常温下呈玻璃态,微晶或次晶,因此也把它们称为塑料相,通常玻璃化转变温度高,其热稳定性高;软段聚集在一起构成软段微区,其玻璃化转变温度低于室温,故称之为橡胶相。这样在聚氨酯树脂结构中便形成了微相分离结构,软段微区形成连续基底相,硬段微区分布在连续基底相中[41]。

从物理角度分析,加工温度随着软化温度的提高而提高,而聚氨酯软化温度取决于微相分离的程度,因此增加聚氨酯微相分离的程度,可显著提高其耐热性。甄建军等[42-43]以聚酯多元醇为软段,甲苯二异氰酸酯为硬段,合成了预聚物,在固化过程中,通过添加微相分离促进剂增加弹性体的微相分离程度,使体系初始热分解温度提高了 12.6℃,从而显著提高了聚氨酯的耐热性。

从热力学角度来分析聚氨酯树脂的微相分离程度。热力学角度主要研究软硬段在热力学上的不相容性,因此微相分离与软硬段的结构有很大关系。聚醚型聚氨酯硬段中的—NH—既能与硬段形成氢键也能与软段中—O—形成氢键,因此软硬段有一定相容性。聚酯聚氨酯软段中有较强的极性基团—COO—,与硬段有较好的相容性,因此微相分离程度较小。软段的结晶性也可作为聚氨酯微相分离程度的判断标准,软段的相对结晶度越高,微相分离越完全,其热稳定性越高。由于脲键软硬段溶解度参数差异大于氨酯键,因此脲的软硬段有更大的热力学不相容性,微相分离程度较大,其热稳定性相对较高。脂肪族异氰酸酯形成的氨酯链段与软段具有较好的相容性,其微相分离程度较低,其热稳定性相对较低。而芳香族异氰酸酯形成的氨酯链段则与软段的相容性较差,导致软硬段的微相分离程度较高,其热稳定性相对较高。

Petrovic 等[44]研究了聚醚聚氨酯的微相分离行为,考察了软段质量分数及相对分子质量对微相分离的影响。结果表明与高相对分子质量的软段相比,低相对分子质量的软段与硬段具有较好的相容性,因而有更多的硬段溶解在软段相中,导致相容程度增大,使得软段的玻璃化温度升高。溶解于软段相区的硬段质量分数升高,其软段的玻璃化温度升高。

从动力学角度分析,影响聚氨酯微相分离主要有 3 个因素:体系的黏度、硬段的活动性和硬段之间的相互作用。

Seefried 等[45]对聚氨酯进行微相分离的动力学研究,结果表明微相分离强烈地依赖于软硬段的相容性、硬段的可移动性、硬段间的相互作用。硬段的含量和硬段的长度也影响聚氨酯的微相分离程度。对于聚醚基聚氨酯,硬段的含量增加,极性基团的增多,硬段分子间作用力的增大,微相分离程度得到提高,其耐热性得到提高。增加硬段长度有利于微相分离,但由于硬段长度具有多分散性,因此微相分离的程度及微区有序性还与硬段的长度分布有关。聚氨酯的硬段可以非晶体存在,也可能形成结晶,结晶的硬段对软段有明显的增强作用,其耐热性得到提高。

6. 氢键对热稳定性的影响

聚氨酯中存在大量可以形成氢键的官能团,如羰基、氨基甲酸酯羰基、脲羰基、醚氧基和亚胺基等,从而使得硬段间及硬软段间可形成大量氢键。聚氨酯体系中可能存在以下 4 种氢键:

硬段-硬段间

$$
\begin{array}{c}
O\!-\!\!\!-\\
|\\
N\!-\!H\cdots O\!=\!C\\
\quad\quad\quad\backslash\\
NH\!-\!\!\!-
\end{array}
$$

$$
\begin{array}{c}
NH\!-\!\!\!-\\
|\\
N\!-\!H\cdots O\!=\!C\\
\quad\quad\quad\backslash\\
NH\!-\!\!\!-
\end{array}
$$

硬段-软段间

$$
\begin{array}{c}
C\\
/\\
N\!-\!H\cdots O\\
\quad\quad\quad\backslash\\
C\!-\!\!\!-
\end{array}
$$

$$
\begin{array}{c}
O\!-\!\!\!-\\
|\\
N\!-\!H\cdots O\!=\!C\\
\quad\quad\quad\backslash\\
C\!-\!\!\!-
\end{array}
$$

一般情况下,聚氨酯中亚氨基键合约 $75\%\sim95\%$,与硬段羰基键合约 60%,其余 $15\%\sim35\%$ 的亚氨基键合到软段中的醚氧基或酯羰基上。大量氢键的存在会极大地限制软段的运动,并使软段的玻璃化温度升高,从而可以在一定程度上提高其热稳定性。刘树[46]研究了聚氨酯弹性体中氢键的作用,表明氢键的存在可以提高软段相的玻璃化温度,增强硬段相的热稳定性。Ballistreri 等[47]研究了聚氨酯弹性体中的硬段-硬段和硬段-软段氢键,它能提高聚氨酯的耐热性,其结果表明氢键在 $200℃$ 时并未完全断裂,仍然保留 40%。

7. 交联度对热稳定性的影响

众多研究表明:提高聚氨酯的交联密度,可以提高其热稳定性。主要是因为交联密度增大,则需要更多的热来分解增加的化学键[48-49]。

张晓华等[50]研究了交联度对透明聚氨酯弹性体结构与性能的影响。在体系中加入交联剂三元醇 N3010,聚氨酯弹性体在硬链段之间形成化学交联键,并且化学交联程度随着 N3010 用量的增加而增加,化学交联的产生阻碍了软段的活动性。热分析结果表明,随 N3010 加入量从 5% 增加到 25%,聚氨酯弹性体的交联程度逐渐增加,T_5 由 $266℃$ 增加到 $281℃$,失重最大时的温度由 $348℃$ 增加到 $401℃$,并且失重速率减慢,说明其耐热性提高。李再峰等[51]研究了化学交联网络对聚氨酯脲弹性体的形态及性能的影响,结果表明:不同交联网络的聚氨酯弹性体具有不同的形态,随着交联密度的增加,弹性体的微相混合程度增加,且差示扫描量热仪(Differential Scanning Calorimetry, DSC)的结果表明软段区内由于化学交联键的存在,使得软段的玻璃化转变温度显著增加。

1.3.3 提高聚氨酯耐热性的方法

从耐热性的影响因素可知,提高聚氨酯的耐热性能的方法主要有下述几种:①引入耐热性的三嗪环、唑烷酮、酰亚胺、苯环等环式基团及其键能较高的氟碳键、硅氧烷到聚氨酯体系中,引入耐热性的官能团或者其他树脂改性聚氨酯得到聚氨酯复合树脂,以提高其耐热性。②从微观结构出发,控制聚氨酯软硬度的化学组成、结构对称性、分子量,引入胺类扩链剂或增加扩链剂的含量,增大适宜的 NCO:OH 比例,增加聚氨酯微相分离程度,增加氢键结合能力,增加交联度等,也可以提高其耐热性。③通过有机无机杂化将无机物引入到聚氨酯体系中,例如 SiO_2、蒙脱土、碳纳米管、玻璃纤维等等。

1.4　纳米 SiO_2/聚氨酯复合树脂的研究状况

近十几年来,纳米复合材料一直是材料科学领域的一个研究热点,其定义为至少有一个分散相的一维尺度在 1～100 nm 之间的复合材料,也称之为杂化材料(hybrids)。纳米复合材料中无机物与有机物之间的协同作用,使该类纳米复合材料比相应的宏观或微米级复合材料在各项性能上有较大的提高,甚至在电、磁、热、力学等方面也表现出全新的独特性能。粒径在 1～100 nm 范围内且能观察到体积效应或表面效应的颗粒通常被称为纳米粒子。纳米粒子具有小尺寸效应、表面界面效应以及与聚合物强的界面相互作用产生光、电、磁等性质,故对开发高性能复合材料有十分重要的影响。其中纳米无机粒子/聚合物复合材料,结合了无机物的刚性、尺寸稳定性和热稳定性与聚合物的韧性、加工性及介电性能。纯聚氨酯的耐极性溶剂和耐热性较差,这在很大程度上限制了它进一步的应用。同时,随着科学技术的不断发展,人们对聚氨酯材料的耐热性能、力学性能的要求也越来越高,为提高其性能可以加入纳米无机物蒙脱土、纳米碳纳米管、纳米 SiO_2、纳米二氧化钛和纳米碳酸钙等等[52-54]。其中纳米 SiO_2 无机粒子具有较好的热稳定性和机械强度,常被用来增强聚氨酯的耐热性和机械性能。

1.4.1　纳米 SiO_2 的团聚现象分析

团聚现象是包括纳米 SiO_2 在内的纳米粒子制备的一个难题,目前已引起了众多研究者的重视。无论哪一种方法制备的粉末,由于纳米颗粒粒度小,表面原子比例大,比表面积大,表面能大,纳米粒子处于能量不稳定状态[55]。因而细微的颗粒都趋向于聚集在一起,很容易团聚,形成团聚状的 2 次颗粒,乃至 3 次颗粒,使粒子粒径变大。纳米 SiO_2 的表面主要有 3 种类型的羟基:相邻羟基、隔离羟基和双羟基。相邻羟基在相邻的硅原子上,彼此形成氢键的缔合羟基,它对极性物质的吸附作用十分重要;隔离羟基主要存在于脱除水分的纳米 SiO_2 表面,是孤立的、未受干扰的自由羟基;双羟基在一个硅原子上连有两个羟基。由于以上 3 种羟基使得纳米 SiO_2 表面作用强,易团聚而形成 2 次结构,这种聚集结构可能存在硬团聚和软团聚,软团聚可以在剪切力的作用下,再分散成一次结构,但硬团聚则是不可逆的[56]。这种自发的聚集倾向对纳米粒子的制备工艺和使用都会产生不利的影响,而且给纳米粒子的存储带来了很大困难。软团聚主要是由于纳米粒子颗粒间的静电力和范德华力所致,由于其作用力较弱,可以通过一些化学作用或施加机械能的方式来消除。硬团聚形成的原因除了静电力和范德华力之外,还存在化学键作用,硬团聚体不易破坏,因此需要采取一些特殊的方法进行控制[57-58]。特别是一次颗粒是以较强的结合力结合的硬团聚,由于团聚体不易被破坏,影响更大。

研究发现,造成纳米颗粒团聚的原因很多,归纳起来主要有下述几方面。

(1)颗粒细化到纳米级以后,其表面积累了大量的正、负电荷,纳米颗粒的形状极不规则,这样就造成表面电荷的聚集,使纳米粒子极不稳定,因而易发生团聚[59]。

(2)由于纳米颗粒的比表面积大,表面能高,粒子处于能量不稳定状态,很容易发生聚集,从而降低能量,趋于稳定状态[60]。

(3)由于纳米颗粒之间的距离极短,相互间的范德华引力远大于自身的重力,因此往往容易相互吸引而发生团聚[61]。

(4)由于纳米颗粒之间表面存在的氢键或化学键产生相互作用,导致纳米粒子之间相互吸附而发生团聚,颗粒越细团聚越强烈[62]。

(5)颗粒之间的量子隧道效应、电荷转移和界面原子的相互耦合,使纳米粒子易通过界面发生相互作用和固相反应而团聚[63]。

因此,防止纳米 SiO_2 颗粒的团聚,保持纳米 SiO_2 颗粒稳定分散在溶液体系中及其均匀分布在聚氨酯体系中是纳米 SiO_2 应用中的关键。在水溶液中加入少量电解质作为分散剂可使纳米粒子稳定分散,而在有机介质中则常常采用表面改性的方法,纳米 SiO_2 表面改性可使有机液体更好地润湿分散改性后的纳米 SiO_2 颗粒,增加纳米颗粒和介质的相容性及其在有机介质中的分散稳定性。

1.4.2 纳米 SiO_2 的表面改性方法

未改性的 SiO_2 与有机体存在严重的相分离问题,且粒子间存在隧道效应和分子间氢键等作用,纳米粒子极易团聚。引入前对 SiO_2 进行表面改性,可消除或减少表面羟基数,使粒子由亲水变为疏水,增强与介质相容性,提高复合材料的性能。SiO_2 表面改性有无机改性和有机改性两种,常用无机表面改性。如用 TiO_2 对 SiO_2 表面进行包覆,Fe_2O_3 对 SiO_2 的表面进行包覆[64-65]。而人们使用较多的方法是有机表面改性法,根据改性剂的不同,下面介绍几种最常用的有机表面改性方法。

1. 硅烷偶联剂改性

硅烷偶联剂是一类最常用的能明显改善 SiO_2 表面性能的双官能团改性剂。硅烷偶联剂是一类具有特殊结构的低分子有机硅化合物，其分子结构可表示为：$RSiX_3$，R 代表与有机物分子有亲和力或反应能力的活性官能团，如氨基、巯基、乙烯基、环氧基、酰胺基和氨丙基等；X 代表能够水解的基团，如卤素、烷氧基和酰氧基等。它的 X 端可以和 SiO_2 进行水解缩聚，另一端 R 可以和有机组分进行物理和化学作用[66-67]。通过偶联剂改性 SiO_2，不仅在 SiO_2 表面接枝了有排斥效应的有机基团，从而减少 SiO_2 的团聚，且偶联剂带有的功能性基团能与有机单体反应，进一步增加粒子的亲油性，为聚氨酯/SiO_2 的功能化提供更多更好的途径。采用不同偶联剂改性 SiO_2 对聚氨酯/SiO_2 性能会有不同影响。Chen 等[68]采用 γ-氨基丙基三乙氧基硅烷（APTS）对纳米粉体 SiO_2 进行改性，发现在 SiO_2 表面引入 APTS 可减少无机-有机分子间反应，而且引入的氨基可以和—NCO 基化学键合，这样可以制得聚氨酯/SiO_2。Chen 等[69]用甲基三乙氧基硅烷（MTES）和 γ-（甲基丙烯酰氧）丙基三甲基氧硅烷（MAPTS）分别对 SiO_2 进行表面改性，合成了聚氨酯/SiO_2，结果发现这两种偶联剂有效地改善了 SiO_2 和聚氨酯的反应，聚氨酯/SiO_2 膜的储能模量随 SiO_2 的增加先增后减，而 MAPTS 改性效果要比 MTES 改性效果更好。

2. 醇类改性

醇类表面改性 SiO_2 的机理是在高温高压下醇与 SiO_2 表面的羟基发生缩合反应，脱去 H_2O 分子，用烷氧基取代 SiO_2 表面的羟基。游波等[70]在纳米 SiO_2 表面接枝多元醇，经化学键键合后的纳米 SiO_2 减少了在树脂中团聚，醇表面改性 SiO_2 优点在于醇价格低廉、易合成且结构易控制。

3. 异氰酸酯改性

由于 SiO_2 表面含有羟基基团，多异氰酸酯中的—NCO 基团可与纳米 SiO_2 表面羟基反应，而且高反应活性的—NCO 基团还可与含—NH_2，—COOH，—OH基团的有机聚合物反应，这样可以通过多异氰酸酯把纳米 SiO_2 粒子和有机聚合物连接起来。欧宝立[71]通过用过量的甲苯二异氰酸酯对 SiO_2 进行表面改性，合成了含有高反应活性—NCO 基的功能化 SiO_2 粒子。—NCO 可和含—NH_2，—OH 等基团的聚合物反应，既可通过接枝在 SiO_2 表面的聚合物将 SiO_2 粒子隔开，防止其团聚，又可改善 SiO_2 与聚合物间的黏结性。钱翼清等[72]利用甲苯二异氰酸酯在无水甲苯溶液中并通 N_2 保护下和 SiO_2 反应制得的改性 SiO_2，可进一步接枝含—OH，—NH_2，—COOH 等基团的有机物。

4. 表面包覆改性

表面包覆改性是将表面改性剂覆盖在 SiO_2 表面,改善粒子表面与聚合物界面的结合力的一种方法。张颖等[73]用十二烷基苯磺酸钠对表面包覆 $Al(OH)_3$ 的纳米 SiO_2 进行改性,通过分子静电吸附作用,实现了十二烷基苯磺酸钠对 SiO_2 进行有机改性,另外还可以使用油酸通过氢键作用包覆 SiO_2,有效地改善其团聚现象,提高改性后的纳米 SiO_2 在溶剂体系或树脂体系的相容性。

纳米 SiO_2 表面改性后与溶剂体系或者树脂体系的相容性可以通过以下几种方式进行测试和表征。

(1)润湿接触角测试。改性后的纳米 SiO_2 粉体和水之间的接触角越大,说明其亲水性越差,亲油性越好,对溶剂体系或树脂体系的相容性越好。根据杨氏方程 $\gamma_{sg} = \gamma_{sl} + \gamma_{lg}\cos\theta$,其中 θ 为接触角。$\theta < 90°$ 为润湿,$90° < \theta < 180°$ 为不润湿。通过测出接触角即可评价润湿性。将纳米 SiO_2 粉体样品压成片状后通过接触接测量仪测定水的接触角,改性后的纳米 SiO_2 对水的接触角越大,说明疏水性越大,亲油性越好。

(2)zeta 电势测试。由于无机纳米粉体表面存在较大的剩余力场,分散在电解质溶液中时会吸附带电离子而带电,在颗粒表面与溶液之间存在斯特恩双电层的界面结构。滑动面与溶液本体间的电势差(zeta 电势)越大,则纳米粒子的分散体系越稳定。

(3)表面结构的表征。表面分析有助于了解改性前后纳米 SiO_2 粒子表面结构。常用的方法主要是能谱方法和量子力学效应的显微技术,它们能揭示表面成分和有关化学键等信息。这些方法包括红外光谱、X 射线光谱、电子衍射、表面增强的拉曼光谱、俄歇电子能谱、离子能量损失谱、扫描电子显微镜、透射电子显微镜和扫描隧道显微镜等。

1.4.3　SiO_2/聚氨酯复合树脂的制备方法

1. 共混法

共混法是一种最简单、传统的改性聚合物的方法。Yang 等[74]首先合成了水性聚氨酯,然后把不同含量的 SiO_2 溶胶直接混入水性聚氨酯中制得了水性聚氨酯/SiO_2,其热稳定性、模量和力学性能都比纯的聚氨酯好。SiO_2 溶胶一般以水或乙醇作介质,可直接用于聚氨酯中,也可用粉末 SiO_2 和沉淀 SiO_2 分别与 PU 共混[75],亲水性的粉末 SiO_2 使复合材料呈现假塑性和触变性行为,不影响聚氨酯的玻璃化温度和力学性能,而沉淀 SiO_2 使两者都降低。直接共混法简单易行,但是所得复合体系的 SiO_2 与聚氨酯交联很少,SiO_2 在聚氨酯中分布不均,很容易产生团聚,往往会导致聚氨酯的力学性能下降。如果先对 SiO_2 进行适当的表面改性处理,然后与聚氨酯共混,可提高聚氨酯的力学性能。

2. 原位聚合法

原位聚合法是将纳米 SiO_2 加入到单体中,混合均匀后在适当条件下引发单体聚合。Zhou 等[76]采用原位聚合法合成了聚丙烯酸酯聚氨酯/纳米 SiO_2 复合材料,并与微米 SiO_2 合成的聚氨酯/SiO_2 进行了比较,发现纳米 SiO_2 能显著提高聚氨酯/SiO_2 的硬度、模量、拉伸强度、耐磨性能和户外耐候性,而微米 SiO_2 仅能增强聚氨酯/SiO_2 的硬度和耐磨性能,结果表明 SiO_2 的形态影响聚氨酯/SiO_2 膜的性能。Chen 等[77]制备了一系列粒径和表面羟基含量不同的纳米 SiO_2 溶胶,然后采用原位聚合方法合成了聚氨酯/SiO_2,测试发现玻璃化温度随 SiO_2 粒径的增大先增大后减小,粒径在 $28\sim66$ nm 范围内玻璃化温度出现最大值,并与共混法制备的聚氨酯/SiO_2 进行了比较,发现原位聚合中有较多的化学键键合,且 SiO_2 的分散性好,两种方法制备的聚氨酯/SiO_2 的玻璃化温度都随纳米 SiO_2 含量的增加而增加,而原位法得到的聚氨酯/SiO_2 的玻璃化温度高于共混法的玻璃化温度。在原位聚合中,也可采用硅烷偶联剂对 SiO_2 进行改性,Chen 等[78]先用 4 种硅烷偶联剂:甲基三乙氧基硅烷(短链,不含 C=C 键)、辛基三乙氧基硅烷(长链,不含 C=C 键)、乙烯基三乙氧基硅烷(短链,含 C=C 键)、甲基丙烯酰氧基丙基三甲氧基硅烷(长链,含 C=C 键)对纳米 SiO_2 溶胶进行改性,再与丙烯酸丁酯、丙烯酸羟乙酯、丙烯酸及异氰酸酯进行聚合,得到丙烯酸改性的聚氨酯/SiO_2。研究发现 SiO_2 进行偶联剂改性后,得到的聚氨酯/SiO_2 的耐磨性能提高,而且发现长链硅烷偶联剂改性 SiO_2,使聚氨酯/SiO_2 的静态力学性能和透明度高于短链偶联剂改性聚氨酯/SiO_2,但是储能模量比短链的改性效果差。相比于共混法,原位聚合中单体分子很小、黏度低、SiO_2 在聚氨酯中能均匀分散,保持很好的特性,且膜有更好的力学性能。

3. 溶胶-凝胶法

溶胶-凝胶(Sol-Gel)技术是指金属有机或无机化合物经过溶胶-凝胶化和热处理后形成氧化物或其他固体化合物的方法[79]。溶胶-凝胶法制备纳米 SiO_2 是将硅氧烷非金属化合物等前驱物溶于水或有机溶剂中,硅氧烷非金属化合物经水解生成纳米 SiO_2 粒子并形成溶胶,再经蒸发干燥而成凝胶[80]。制备聚氨酯/纳米 SiO_2 的具体方法是,将前驱体溶于聚氨酯溶液中,在催化剂存在下让前驱物水解形成纳米 SiO_2 胶体粒子,干燥后得到半互穿网络的聚氨酯/

纳米 SiO_2 复合材料。另一种方法是将前驱物与单体溶解在溶剂中,让水解与聚合反应同时进行,使聚氨酯均匀嵌入无机纳米 SiO_2 网络中,形成半互穿甚至全互穿网络[81]。因此,溶胶-凝胶法是制备有机/无机复合材料最有前景的技术,使用无机前驱体在聚合物中发生水解缩聚形成无机网络,将聚合物包埋在无机网络中制得复合材料,聚合物与无机网络既可是简单包埋与被包埋,也可是化学键相接,采用这种方法可使无机相在材料中很均匀地分散。

常用于制备 SiO_2 的前驱体有四乙氧基硅烷(TEOS)、乙烯基三甲氧基硅烷(VTMS)等。在溶胶-凝胶法中,最终产品的结构在溶液中初步形成,后续工艺与溶胶的性质直接相关,因此溶胶的质量是十分重要的。醇盐的水解和缩聚反应使均相溶液转变为溶胶,显然控制醇盐水解缩聚的条件是制备高质量溶胶的前提。影响溶胶质量的因素主要有水的量、催化剂种类、溶液 pH 值、水解温度、醇盐品种以及在溶液中的浓度和溶剂效应等等。以溶胶-凝胶法为基础的 Stober 法[82]来简要说明硅醇的制备原理,以正硅酸乙酯为前驱体,在仅有水和醇溶剂存在下,硅醇盐的水解速率是比较缓慢的,在正硅酸乙酯的水解-缩聚过程中,常常需要加入各种酸或碱作为催化剂来加速反应过程,如盐酸、醋酸、氢氟酸、氨水、氢氧化钠和有机胺等。且所加入的催化剂种类不同,反应机理也不同,从而得到完全不同形态的产物。酸催化剂有助于凝胶结构的形成,碱催化剂可以得到的 SiO_2 微球。制备的 SiO_2 微球是可用氨水做催化剂,正硅酸乙酯(TEOS)的溶胶-凝胶过程通常包括两个步骤:①烷氧基金属有机化合物的水解过程(见式(1-5));②水解后得到的羟基化合物的缩合及缩聚过程(见式(1-6)和式(1-7))。

$$Si(OC_2H_5)_4 + 4H_2O = Si(OH)_4 + 4C_2H_5OH \qquad (1-5)$$

$$(1-6)$$

$$\begin{array}{c} \quad\ \ \text{OH} \qquad\quad \text{OC}_2\text{H}_5 \\ \quad\ \ | \qquad\qquad\ | \\ \text{HO—Si—O—Si—OC}_2\text{H}_5 \ + \ \text{C}_2\text{H}_5\text{OH} \\ \quad\ \ | \qquad\qquad\ | \\ \quad\ \ \text{OH} \qquad\quad \text{OC}_2\text{H}_5 \end{array} \qquad (1-7)$$

这两个过程可以表示为水解反应和缩聚反应,其主要反应方式如下:

第一步正硅酸乙酯水解形成羟基化的产物和相应的醇;第二步硅酸之间或硅酸与正硅酸乙酯之间发生缩合反应。由于在碱催化系统中水解速率大于缩聚速率且正硅酸乙酯的水解较完全,因此可认为缩聚是在水解基本完全的条件下在多维方向上进行的,形成一种短链交联结构,这种结构的碰撞、缩聚、生长使短链间交联不断加强,最终形成表面带有大量羟基的球形颗粒溶解在醇类溶剂中,即为硅醇[83]。酸催化下的溶胶-凝胶工艺是亲电反应,容易形成线性或像长链聚合物般的产物,从而在体系中形成高密度、低维数的多孔性结构。碱催化下为亲核反应,容易产生团簇,进而形成比较致密的胶团粒子结构[84-86]。

石智强等[87]采用溶胶-凝胶法制备了不同 SiO_2 含量的聚氨酯/SiO_2复合材料,在制备过程中用偶联剂对纳米 SiO_2 粒子进行改性。研究结果表明:通过溶胶-凝胶法制备的聚氨酯/SiO_2形成了较强的化学作用,大大地提高了聚氨酯的各种性能。Zhang 等[88]采用溶胶-凝胶法制得聚氨酯/SiO_2纳米复合材料,并通过荧光光谱考察了其性能的变化。研究结果表明:在聚氨酯的硬段与 SiO_2的杂化区域中,由于聚氨酯/SiO_2阻碍了硬段的重排,使其温度升高,增加了材料的耐热性。Yim 等[89]采用溶胶-凝胶法制备了聚氨酯/SiO_2溶胶,使用二氯甲烷为溶剂,在低温超临界 CO_2 条件下进行固化,从而制备了纳米多孔聚氨酯/SiO_2纳米复合材料。研究结果表明:这种复合材料不仅具有高比表面积,而且具有较好的机械和低热传导性能,可用于制备催化剂载体材料。溶胶-凝胶法在制备聚氨酯纳米 SiO_2 复合材料中比较常见,反应条件较为温和,而且SiO_2在聚氨酯中分散均匀。但该法所用到的前驱体的价格比较昂贵而且毒性较大,会对环境造成污染。Cho 等[90]采用正硅酸乙酯进行溶胶-凝胶反应生成正硅酸乙酯质量分数为 5%,10%,20%,30% 的聚氨酯/SiO_2,并对聚氨酯/SiO_2的形状记忆和力学性能进行了研究,发现聚氨酯/SiO_2的形状保持力和形状恢复力均达 80%以上,力学性能得到了提高,正硅酸乙酯质量分数为 10%的聚氨酯/SiO_2有最大的断裂应力、断裂伸长率和模量。由溶胶-凝胶法制备纳米SiO_2,溶剂、温度、反应时间和反应介质等因数对粒径和形态都有影响,Chen等[91]采用溶胶-凝胶法合成出了一系列的 SiO_2 溶胶,发现在 H_2O/TEOS/

EtOH 比值不变的情况下,NH_3/TEOS 加入量增大,SiO_2 粒径增大,聚氨酯/SiO_2 的黏度随之先增大后减小。为避免 SiO_2 溶胶给聚合物性能带来负面影响,常用硅烷偶联剂对 SiO_2 溶胶进行改性,然后再参与聚合。由于溶胶-凝胶法的反应条件较温和,SiO_2 在聚合物中分散更均匀,与聚合物分子链间的相互作用也更强,因而得到了广泛应用。

1.4.4　纳米 SiO_2/聚氨酯复合树脂的制备与性能

纳米 SiO_2 特有的表面效应、量子尺寸效应和体积效应等,使纳米 SiO_2 复合材料表现出传统聚氨酯树脂不具有的优异性能[92]。聚氨酯/纳米 SiO_2 复合材料综合了聚氨酯和纳米 SiO_2 的优良特性,只要加入少量的 SiO_2 粒子,就可获得比原来聚合物或普通的复合材料更为优异的力学、光学、热学和磁性能等,在机械、分离、催化、化学和生物等领域有广阔的应用前景,已成为材料科学领域的一个研究热点[93-95]。由于纳米 SiO_2 特殊的结构骨架和表面高活性基团的存在,使其对聚氨酯有较好的改性效果。另外,采用纳米材料改性聚氨酯的研究当中,SiO_2 是比较常用的纳米材料。通过纳米 SiO_2 对聚氨酯树脂的改性,提高聚氨酯树脂的强度、韧性和耐热性能等。纳米 SiO_2 的小尺寸效应、比表面积大、表面能高和表面配位不足等特性,使其易于与聚氨酯起键合作用,提高分子键合力,同时易于分布到高分子链的空隙中,使材料的强度、韧性、延展性均得到大幅度的提高,以及耐热性、耐水性、力学性能等都能得到提高。而且纳米 SiO_2 的量子尺寸和宏观量子隧道效应使其产生淤渗作用,可以深入到聚氨酯分子链的不饱和键附近,并与不饱和键的电子云发生作用,从而改善聚氨酯材料的热稳定性、光稳定性和化学稳定性,达到提高产品的老化性能及耐化学性等目的。不同的制备方法可得到不同粒径和形态的 SiO_2,对聚氨酯/SiO_2 复合材料的性能有重要影响,SiO_2 的表面改性可改善 SiO_2 与聚氨酯复合材料的相容性,提高复合材料的性能[96-98]。

纳米 SiO_2 粒子对聚氨酯有增韧增强的作用,其增韧增强改性机理具有下述特征[99]:①聚合物基体中的无机纳米粒子作为聚合物分子链的交联点,有利于提高复合材料的抗拉强度;②无机纳米粒子具有应力集中与应力辐射的平衡效应,通过吸收冲击能量与辐射能量,使基体无明显的应力集中现象,提高复合材料的抗冲击性能;③无机纳米粒子具有能量传递效应,使基体树脂裂纹扩展受阻和钝化,最终终止裂纹,不致发展为破坏性开裂;④随着纳米粒子粒径的减小,粒子的比表面积增大,纳米微粒与基体接触面积增大,材料受冲击时产生更多的微裂纹,吸收更多的冲击能;⑤若纳米微粒用量过多或填料粒径较大,复合材料的应力集中较为明显,微裂纹易发展成宏观开裂,造成复合材料性能下降。

Nunes 等[100-101]在四氢呋喃溶液中制备了 SiO_2 粒子含量(质量分数)由 1% 至 20%变化的聚酯型聚氨酯膜,考察了力学性质,并探讨了增强机理。沉淀法 SiO_2 经过两种不同的热处理(一种是 105℃下加热 4 h,另一种是 1 000℃下加热 1 h,具有不同的表面羟基含量)。经热处理消除了 SiO_2 表面的羟基基团,他们用 X 射线衍射研究了聚氨酯/沉淀法 SiO_2 复合材料的组成,此外还研究了热处理和未经热处理的 SiO_2 对结晶指数和链段取向的影响。Lee 等[102]将聚四氢呋喃醚二醇(PTMEG)和一定量的纳米 SiO_2 粒子进行混合于 90℃下搅拌 2 h,然后于 80℃加入异氰酸酯 MDI 单体制得预聚体,并用丁二醇扩链后得到聚醚型聚氨酯/SiO_2 纳米复合材料。研究发现纳米 SiO_2 在树脂基体中均匀分散时的最大添加量为 3%(质量分数),界面中聚氨酯链段与纳米 SiO_2 存在氨酯键,纳米 SiO_2 的加入可提高拉伸强度和断裂伸长率,含有 1%(质量分数)纳米 SiO_2 的复合材料断裂伸长率是纯聚氨酯的 3.5 倍。Cho 等[103]将制备的嵌段聚氨酯用正硅酸乙酯的溶胶进行改性,得到带有形态记忆功能的聚氨酯/SiO_2 纳米复合材料。Chen 等[104]分别采用原位聚合法和直接共混法制备聚氨酯/SiO_2 纳米复合材料。原位聚合法:先制备纳米 SiO_2 溶胶,然后与单体原位聚合生成聚酯多元醇型纳米 SiO_2 复合树脂,之后用异氰酸酯固化生成聚氨酯/SiO_2 纳米复合材料。直接共混法:将 SiO_2 溶胶直接加入到合成好的聚酯多元醇中,于 160℃下搅拌 0.5 h,然后固化得到聚氨酯/SiO_2 纳米复合材料。通过对比发现前者的聚酯链段与纳米 SiO_2 存在更多的化学键合。纳米 SiO_2 能提高复合材料的玻璃化温度,不同的制备方法和不同的粒径对玻璃化温度的影响不同。张志华等[105-106]采用溶胶-凝胶技术制备 SiO_2 纳米复合材料,结果发现 SiO_2 颗粒影响了聚氨酯的结构特性,且用二甲基甲酰胺做 SiO_2 的溶剂时,聚氨酯的力学性能、高温热稳定性都比使用其他溶剂好。聚氨酯/SiO_2 复合材料具有比纯聚氨酯树脂更高的贮能模量、损耗模量、内耗峰强度和热稳定性。

1.5　纳米石墨烯/高聚物复合材料的研究状况

碳纳米管、石墨烯等新型纳米材料的涌现,为碳素纳米复合材料的研究提供更大的发展空间。近年来,碳素纳米复合材料包括碳纳米粉体掺入金属、碳纳米管复合材料以及石墨插层纳米复合材料等成为研究热点。其中,研究最多的是碳纳米管复合材料,因将其与高分子材料进行复合后,可以获得性能优异的碳纳米管纳米复合材料,但同时也存在着一些问题,如碳纳米管的分散和取向问题,碳纳米管是否在复合材料中均匀分散将直接影响复合材料的性能。再则,目前纳米碳管的价格比较高,这大大限制了其研究和应用。因此,寻求能更好地分散于复合材料中、且成本相对较低的新型碳素纳米材料成为更加热门的研究方向。此时,石墨烯的问世为新型碳素纳米复合材料的研究开辟了新的纪元。2004 年,英国曼彻斯特大学的研究工作者 Andre Geim[107]将天然石墨分离成较小碎片,并从得到的石墨碎片中选取较薄部分,然后用一种特殊的胶带粘住薄片的两侧,将胶带撕开后,薄片被一分为二,当多次重复这样的操作后,薄片越来越薄,最后得到一部分仅由一层碳原子构成的石墨片层,即为石墨烯(graphene),Andre Geim 因此发明于 2010 年获得诺贝尔物理学奖。为此,石墨烯的制备及其复合材料的研究成为了全世界学者的研究热点[108-111]。但是由于石墨烯本身不亲水不亲油的性质在一定程度上限制了其与聚合物的复合。为此,必须通过对石墨烯改性的方法制备石墨烯/高聚物复合材料。目前从来料便宜的石墨原料中制备纳米石墨烯与高聚物的复合材料最有效的方法是,首先石墨通过氧化制备得到氧化石墨,再对氧化石墨进行表面改性,然后再超声剥离和还原,得到改性的石墨烯分散液,改性后的分散液可以与树脂共混或原位聚合制备石墨烯/高聚物复合材料。为此,以下对石墨烯的结构、中间产物改性氧化石墨烯的制备、石墨烯复合材料的研究等方面进行阐述。

1.5.1　石墨/氧化石墨/石墨烯的微观结构

石墨烯是以石墨为原料通过一系列的改性制备得到的。为此,我们首先了解下石墨的结构。石墨的晶体结构如图 1-3 所示,石墨是碳原子之间呈六角环形片状体的多层叠合六方晶体,在同一层内,碳-碳原子是由 SP^2 杂化轨道组成的 δ 键和由 P_z 轨道组成的 π 键构成的。在石墨晶体单层中,成键的 π 键扩展成 π带,反键的 π* 扩展成 π* 带。其每一层内,碳原子排列成正六边形,它与 3 个相邻的碳原子

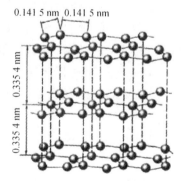

0.141 5 nm　0.141 5 nm

0.335 4 nm

0.335 4 nm

图 1-3　石墨的晶体结构图

以共价键连接,成为一个二度空间无限伸展的网状平面称为基面,每一基面间的距离为 0.335 4 nm,同一基面中碳原子的间距为 0.141 5 nm。

　　单层石墨烯结构如图 1-4 所示。它是石墨晶体结构中的单层平面结构,碳原子排列成正六边形,它与 3 个相邻的碳原子以共价键连接,成为一个二度空间无限伸展的网状石墨烯平面,多层的石墨烯构成石墨晶体。石墨烯是已知材料中最薄的一种,仅有一个碳原子厚。石墨烯具有超硬特性(110 GPa),比钻石还硬。石墨烯还具有超高的强度,强度比世界上最好的钢铁还要高上 100 倍。碳原子间的强大作用力使其成为目前已知的力学强度最高的材料,并有可能作为添加剂广泛应用于新型高强度复合材料之中。石墨烯具有超强导电性,电子在其中的运动速度达到了光速的 1/300,远远超过了电子在一般导体中的运动速度,石墨烯可能最终会替代硅。此外,石墨烯具有超大的比表面积(2 630 m^2/g)。

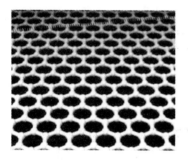

图 1-4　单层石墨烯结构图

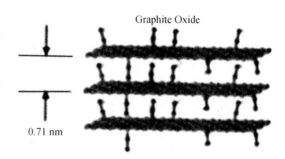

图 1-5　氧化石墨结构图

　　氧化石墨是鳞片石墨通过强氧化剂氧化而制备得到的一种石墨衍生物[112-113],如图 1-5 所示,氧化石墨片层表面上含有大量的含氧活性极性基团,如羟基、羧基、环氧基等,使得层间距离由 0.335 4 nm 扩张到 0.71 nm,表面众多活性基团和层间距离的增大,为石墨烯复合材料的制备提供了良好的复合能力。

1.5.2　氧化石墨烯的制备

　　氧化石墨烯的制备是鳞片石墨通过强氧化剂氧化制得氧化石墨,然后氧化石墨通过改性后超声或搅拌分散在一定的溶剂体系中得到氧化石墨烯。目前,主要有 3 种制备氧化石墨的方法:Brodie 法[114]、staudenmaier 法[115] 和 Hummers 法[116]。

目前最常用的一种方法是 Hummers 法,其制备过程的时效性相对较好而且制备过程也比较安全。石墨经过氧化处理后,氧化石墨仍保持石墨的层状结构,但在每一层的石墨烯上都引入了许多含氧基功能团,这些含氧基功能团的引入使得单一的石墨烯结构变得非常复杂,且不同的制备方法、实验条件的差异以及不同的石墨来源对氧化石墨烯的结构都有一定的影响,氧化石墨烯的精确结构现在还无法得到确定[117]。目前普遍接受的结构模型是在氧化石墨烯单层上随机分布着羟基和环氧基,而在单层的边缘则引入了羧基和羰基,如图 1-6 所示,而当这些氧化石墨烯经过堆砌后,就形成了氧化石墨[118-120]。

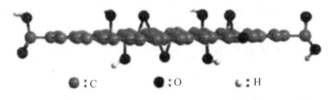

●：C   ●：O   ●：H

图 1-6　氧化石墨烯的结构示意图

1.5.3　氧化石墨烯的改性

与结构较为完整的石墨烯相比,引入含氧基团后的氧化石墨烯具有较强的亲水性,能够在水中稳定地分散形成氧化石墨烯悬浮液[121],但其较弱的亲油性也限制了氧化石墨烯的应用范围[122]。为了能够更好地研究和利用氧化石墨烯,丰富氧化石墨烯的表面性质以及提高其在有机溶剂中的分散性,需要对其进行表面修饰。而氧化石墨烯表面含有丰富的含氧活性官能团,这为表面改性提供了很好的条件。众多研究者[123-128]利用硅烷偶联剂、异氰酸酯、胺盐、高分子活性剂等对氧化石墨烯进行改性,使其能分散在溶剂体系中。例如,利用异氰酸根—NCO 与氧化石墨烯表面的—OH,—COOH 官能团反应,改性后的氧化石墨烯能够在有机溶剂 N,N-二甲基二氯酰胺中稳定地分散。除了通过表面修饰提高氧化石墨烯在不同溶剂中的分散性和相溶性外,最近的研究发现氧化石墨烯仅通过超声就可以稳定地分散在一些有机溶剂中(如乙二醇、N,N-二甲基二氯酰胺、四氢呋喃、N-甲基吡咯烷酮),形成稳定的氧化石墨烯悬浮液[129-130]。此类研究成果简化了氧化石墨烯的表面处理过程,为氧化石墨烯的进一步的研究和应用提供了很好的基础。目前关于功能性修饰氧化石墨烯的研究还没有完全展开,许多工作还仅仅是提高氧化石墨烯在溶剂中的相溶性,氧化石墨烯的表面修饰或功能化有待于进一步的研究。

1.5.4　氧化石墨烯的还原

由于氧化石墨烯及其改性后的衍生物能够在不同极性溶剂中分散,形成稳定的氧化石墨烯悬浮液,这为大规模制备石墨烯以及基于石墨烯的复合材料提供了一个非常重要的战略方法[131]。但由于氧化石墨烯表面过多的含氧基团会影响石墨烯的物理化学性能,为此需要通过选择合适的还原剂和反应条件,将氧化石墨烯表面的含氧基功能团去除,从而获得石墨烯单片层,如图1-7所示,这给石墨烯的制备、功能材料的制备、性能的研究具有非常重要的意义[132-133]。

Stankovich 等[134]利用水合肼在 $80\sim100℃$ 加热的条件下还原氧化石墨烯制备出了石墨烯单片层。然而,由于石墨烯单片层之间具有较强的范德华力,在没有任何保护剂存在的条件下,石墨烯之间很容易发生团聚和堆砌,这给石墨烯的应用带来了一定的障碍。为此,通过在石墨烯表面利用物理或化学作用引入分子,可以阻碍石墨烯单片层之间的团聚,从而得到较为稳定的石墨烯悬浮液。Stankovich 等[135]在水合肼还原方法的基础上加以改进,在还原的过程中添加特定高聚物聚苯乙烯磺酸钠,使其吸附到还原后的石墨烯表面,从而阻碍了还原后石墨烯片层之间的团聚,获得在水溶液中稳定分散的石墨烯悬浮液。

还原剂

图1-7　化学还原法氧化石墨烯制备石墨烯示意图

除了制备能够在水中稳定分散的石墨烯外,获得在有机溶剂中稳定分散的石墨烯更具有重要的应用价值。例如改性后的氧化石墨烯通过化学还原后能够得到在有机溶剂中稳定分散的石墨烯悬浮液[136-137],如图1-8所示。此外,通过在石墨烯的表面共聚接枝双亲高分子可以制备出既能在水中分散又能够在非极性溶剂二甲苯中分散的双亲石墨烯[138-139]。这是由于当双亲石墨烯在水中分散时,表面接枝的双亲高聚物中的极性基团伸展开来,非极性基团发生蜷曲,从而使石墨烯能够在水中分散。而在非极性溶剂中,表面极性和非极性基团的状态发生了逆转,从而使得石墨烯在非极性溶剂中能够稳定的分散(见图 1-9)。此外,Fan 等[140]在强碱 NaOH 的水溶液中,通过加热还原氧化石墨烯获得稳定石墨烯悬浮液,Nethravathi 等[141]利用醇热法也可以还原制备得到石墨烯。

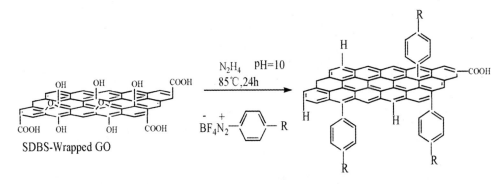

图 1-8　利用改性的氧化石墨烯制备在有机溶剂中分散的石墨烯示意图

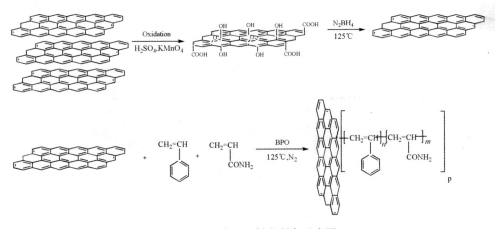

图 1-9　双亲石墨烯的制备示意图

1.5.5　石墨烯/高聚物复合材料制备与性能

在石墨烯被发现以前,碳基材料/高聚物的优越性能使得这类复合材料得到了一定的发展,尤其是基于碳纳米管/高聚物的复合物[142-144]。石墨烯作为碳材料的新兴一族,有较好的机械性能和特殊的电子性能,使得石墨烯/高聚物复合材料的性能更加优越。如果石墨烯在不同溶剂中的分散问题得到了比

较好的解决,将更有利于高性能聚合物复合材料的开发。国内外一些研究工作者对石墨烯/高聚物复合材料做的研究综述如下:

Stankovich 等[145]制备了经异氰酸酯改性的氧化石墨烯,然后通过还原法将其分散在聚苯乙烯中的,制备出了石墨烯/聚苯乙烯高分子复合物。研究表明添加石墨烯至聚苯乙烯中,可以提高聚苯乙烯的导电性,当添加体积分数为1%的石墨烯时,常温下聚苯乙烯的导电率可达到 0.15 S/m,从而有利于该复合物在导电材料上的应用。此外,石墨烯不仅能提高复合材料的导电性能,而且能提高复合材料的力学性能。研究表明在聚苯胺中添加适量的氧化石墨烯可以得到较高电容量(531 F/g)和拉升强度(12.6 MPa)的氧化石墨烯/聚苯胺复合物。

再者,石墨烯的添加还可以影响复合材料的其他物理机械性能如玻璃化转变温度、力学、硬度、弹性模量等等。Ramanathan T 等[146]研究表明在聚丙烯氰中添加约 1%(质量分数)的功能化的石墨烯,可使复合材料的玻璃化转变温度提高 40℃。且在聚甲基丙烯酸甲酯中添加 0.05%(质量分数)的功能化石墨烯可以将其玻璃化转变温度提高 30℃。该研究小组还通过比较添加碳纳米管、膨胀石墨以及石墨烯后的聚甲基丙烯酸甲酯复合材料的强度和热分解温度,结果表明石墨烯对高分子材料的性能有着更大的影响。DaS 等[147]研究了石墨烯的添加对聚乙烯醇(PVA)和聚甲基丙烯酸甲酯(PMMA)的机械性能的影响。在 PVA 和 PMMA 中添加 0.6%(质量分数)功能化的石墨烯后,PVA和 PMMA 的弹性模量和硬度也有明显的增强,而且 PVA 的结晶度也随着石墨烯的加入而增加。Liang 等[148]制备了磺酸基以及异氰酸酯功能化的石墨烯/热塑性聚氨酯的复合材料,结果发现加入 1%(质量分数)的石墨烯,就可以使石墨烯/热塑性聚氨酯复合材料的强度提高 75%。

1.6 本书的研究背景、研究内容和创新性

1.6.1 本书的研究背景和意义

近年来,随着低碳、低能耗环保要求的不断提高,油墨印刷行业已逐步进入技术转型的新阶段,低效率、高能耗、高污染的传统印刷工艺面临着被淘汰的趋势。然而,新兴的模内装饰 IMD 技术给塑料印刷行业带来了新的机遇和挑战,IMD 技术使得塑料制品制造的流程发生了重大变革,可以取代许多传统

的制程,如热转印、喷涂、印刷、电镀等外观装饰方法。IMD 技术是一项工序较为简单、环保、快速高效,成本相对较低的模内装饰技术,适合于手机外壳、家电、电子产品、电脑部件、仪表盘、汽车部件等塑料产品,同时产品具有高质量、耐久性、多样性等优点。

由于 IMD 技术需经过油墨层热成型和塑料层的注塑成型工艺,作为印刷图案的中间油墨层需要满足以下几点要求:①具有耐高温(注塑温度约为300℃)的特性,注塑时,油墨不会产生退色或扩散现象;②具有一定的柔韧性和可成型性;③表面硬度高;④具有优良的耐冲击性;⑤油墨与光油、接着剂具有良好的黏结力;⑥良好的耐水、耐酸碱性。单一的树脂无法满足以上 IMD 油墨用树脂的要求,为此,开发出满足以上几点要求的综合性能优异的 IMD 油墨用复合型树脂就成为需要解决的关键性问题。

目前,关于 IMD 油墨用树脂的研究论文几乎空白。近年来,国外发表了少数关于 IMD 油墨的专利[1-2],Kessel 等[1]报道了含有芳香族或脂肪族聚碳酸酯为主体的聚氨酯丙烯酸低聚物加入颜料和填料等通过引发剂紫外光热引发聚合成油墨涂层,该油墨具有良好的黏结性能和高弹性,且其工艺可以大大减少溶剂的使用量。Fujimaki 等[2]研究了多种用于 IMD 油墨的树脂,包括聚酯、聚酰亚胺中添加有机硅和氟碳粉末,研究发现,添加有机硅和氟碳粉末有助于提高聚酯和聚酰亚胺树脂的耐热性。但聚酰亚胺耐高温聚合物其成本太高,其基材易受碱及强酸的作用及其需要使用极性强的特殊溶剂等不足限制了其发展。迄今为止,唯有几大全球性油墨公司如大日本油墨、日本十条油墨 JUJO、德国宝龙油墨、美国诺固 IMD 系列油墨已经成功研发出 IMD 油墨,国内尚无报道成功研发出 IMD 油墨,仅有上海聚科实业、深圳天翼恒科技、深圳莱荣印刷材料、深圳三智丝印、深圳帝玛仕科技等公司成为国外 IMD 油墨代理商。为此,开发出兼有耐热性、柔韧性、抗冲击性、表面硬度、耐酸碱性等综合性能良好的 IMD 油墨树脂具有重要的意义。

1.6.2 本书的研究内容

本书研究的主要内容是合成出综合性能优良的改性聚氨酯复合树脂,开发出一种能适合 IMD 油墨用的树脂。选用了聚氨酯复合树脂体系作为 IMD 油墨主体树脂,因聚氨酯具有良好的柔韧性、高弹性、高抗冲击性、抗刮伤和耐摩擦、高光泽、高抗张强度等优异性能,能很好地满足 IMD 油墨主体树脂大部分要求,但其耐高温和表面硬度性能有待进一步的提高,本书在分析高聚物耐热性影响因数的基础上提出,引入具有高键能的耐热性基团如苯环或改性 SiO$_2$ 和改性石墨烯等无机物到聚氨酯体系中,形成交联的空间网络结构,增加聚合物的交联度,提高聚氨酯复合树脂的耐热性能,且通过结合各种树脂的优点来满足 IMD 油墨用树脂的总体要求:一是通过引入含有耐热性基团的酚醛环氧树脂制备得到酚醛环氧聚氨酯(EPU);二是通过引入耐热性的改性纳米 SiO$_2$ 无机粒子制备得到具有空间交联网状结构的 SiO$_2$/环氧丙烯酸基聚氨酯复合树脂(EPUA/SiO$_2$);三是通过引入耐热性的片状层改性石墨烯制备得到具有空间交联网状结构的纳米石墨烯/环氧丙烯酸基聚氨酯(EPUA/RMGEO)。通过以上三方面来提高聚氨酯复合树脂的耐热性、柔韧性、抗冲击性、表面硬度、附着力、耐水耐酸碱等综合性能。

本书的研究内容主要包括下述几方面。

(1)通过苯甲酸改性双酚 A 酚醛环氧树脂,探讨反应物摩尔比、催化剂用量、反应温度等对体系的酸值和转化率的影响,并优化苯甲酸改性环氧树脂合成的工艺条件,制备出一系列(10%,20%,40%,60%,80%,100%)不同开环率的羟基型改性酚醛环氧树脂(MEP),并对 MEP 进行红外、核磁和热重分析等表征。将羟基型改性酚醛环氧树脂作为聚氨酯的 A 组分,选用合适的异氰酸酯三聚体作为 B 组分,A 和 B 两种组分固化后形成环氧基聚氨酯(EPU),根据聚氨酯中含有不同含量的 MEP,考察不同含量的 MEP 对其耐热性、硬度、柔韧性、抗冲击性、耐水性、耐酸碱性等性能的影响。

(2)通过丙烯酸改性双酚 A 酚醛环氧树脂制备出环氧丙烯酸酯(EA),EA 与丙烯酸类单体共聚合成出羟基型环氧丙烯酸树脂(EPAc),并对 EA 和 EPAc 进行红外等表征。以 EPAc 作为聚氨酯的 A 组分,多异氰酸酯固化剂作为聚氨酯的 B 组分,固化得到环氧丙烯酸基聚氨酯(EPUA),并考察 EA 添加量对 EPUA 的微观形貌、耐热性、柔韧性、硬度和抗冲击性等性能的影响。

(3)通过改进的 Stober 溶胶法制备以 N,N-二甲基甲酰胺为共溶剂的硅醇,并分别通过偶联剂 MPS 对其表面改性,考察正硅酸乙酯浓度、催化剂浓度、水含量、N,N-二甲基甲酰胺用量和反应温度等反应条件对改性纳米 SiO$_2$ 粒径的影响。并通过红外光谱表征改性前后的官能团变化,XPS 分析改性前后的表面元素变化,接触角测试表征改性前后的表面疏水性变化,TGA 改性前后的热稳定性变化,TEM 表征改性纳米 SiO$_2$ 粒子的微观形貌。通过原位聚合法制备出改性纳米 SiO$_2$/环氧丙烯酸树脂(EPAc/SiO$_2$),并作为聚氨酯的 A 组分,多异氰酸酯固化剂作为聚氨酯的 B 组分,并考察改性纳米 SiO$_2$ 的添加量对

固化产物纳米 SiO_2/环氧丙烯酸基聚氨酯（$EPUA/SiO_2$）的断面微观形貌的影响,以及耐热性、表面硬度、柔韧性、抗冲击性、耐水性和耐酸碱性等性能的影响。

(4)采用 Hummers 法制备氧化石墨(GO),并通过超声剥离和硅烷偶联剂 MPS 对氧化石墨烯进行表面改性,并通过还原剂亚硫酸氢钠对其还原,使得改性后的石墨烯具有亲油性和具有反应性的不饱和双键,通过原位聚合法制备改性石墨烯/环氧丙烯酸树脂(EPAc/RMGEO),并与多异氰酸酯固化剂固化后得到改性石墨烯/环氧丙烯酸基聚氨酯(EPUA/RMGEO)。通过红外光谱分析石墨(Graphite)、氧化石墨烯(GEO)、硅烷改性氧化石墨烯(MGEO)、还原改性氧化石墨烯(RMGEO)等改性前后的分子官能团的变化。通过 X 射线衍射分析(XRD)表征 Graphite,GO,GEO,MGEO 和 RMGEO 的物质内部结构,测定各物质的衍射峰和对比分析石墨烯衍生物的层间距变化。通过接触角分析氧化石墨和改性氧化石墨的疏水性变化。通过热重和 XPS 表征分析氧化石墨的氧化程度和还原氧化石墨烯还原程度,通过 C_{1s} XPS 谱和 Si_{2p} XPS 谱分析 C/O 原子比,C＝C,C—O,C＝O,O—C＝O,Si—O—C,Si—O—Si 等官能团的分布。通过 SEM 表征 Graphite,GO,GEO,MGEO,RMGEO 表面微观形貌以及 EPUA/RMGEO 的断面微观形貌。通过 TEM 表征和热重分析不同 RMGEO 添加量对 EPUA/RMGEO 的耐热性能的影响。并分析了不同改性石墨烯(RMGEO)添加量对 EPUA/RMGEO 的表面硬度、柔韧性、抗冲击性、耐水性、耐酸碱性等性能的影响。

(5)研究 IMD 油墨配方和 IMD 油墨用树脂的固化动力学,考察多组分聚氨酯体系固化反应的动力学参数,如反应级数、活化能、起始固化温度、反应速率常数、反应固化速率等固化动力学参数,对于了解固化反应本身以及改进 IMD 油墨的制造工艺提供理论指导。再者,将前面制备得到的酚醛环氧基聚氨酯、纳米改性 SiO_2/环氧丙烯酸基聚氨酯、纳米改性石墨烯/环氧丙烯酸基聚氨酯应用于 IMD 油墨中,并考察改性酚醛环氧树脂、改性纳米 SiO_2、改性纳米石墨烯的不同含量对 IMD 油墨的表面硬度、柔韧性、抗冲击性、耐水性和耐酸碱性等性能的影响。

1.6.3 本书的创新与特色

迄今为止,IMD 油墨用树脂研究报道较少,为开发具有较好的耐温变性、柔韧性、附着力、表面硬度、抗冲击性、耐水、耐酸碱性的 IMD 油墨用的树脂,本书探讨了改性酚醛环氧树脂、改性纳米 SiO_2、改性纳米石墨烯的不同含量对复合树脂及其 IMD 油墨的表面硬度、柔韧性、抗冲击性、耐水性、耐酸碱性等性能的影响。本书的创新与特色主要体现在下述三方面：

(1)通过对 Stober 常规溶胶法的改进，以 DMF 为共溶剂取代醇类共溶剂，制备得到 MPS 改性 SiO_2 溶胶，可不蒸馏出共溶剂，将硅溶胶直接添加至聚氨酯原料体系中进行原位聚合，制备了均一分散的 $EPAc/SiO_2$，固化后得到了均一分散的 $EPUA/SiO_2$，该方法避免了常规方法所带来的蒸馏共溶剂成本和环境污染问题，以及常规凝胶法带来的 SiO_2 粒子团聚和在树脂体系中分散不均一性问题，该方法具有一定的工业应用价值。

(2)基于 Hummers 法制备出了在溶剂体系中能良好分散的硅氧烷改性石墨烯，并将硅氧烷改性石墨烯直接添加至聚氨酯原料体系中进行原位聚合，得到了均一分散的 EPUA/RMGEO。研究表明 RMGEO 能极大提高聚氨酯树脂体系的耐热性和涂膜性能，尤其耐水性和耐酸碱性达 3 月内不发生变化，关于这方面的研究尚未见国内外文献报道。

(3)制备得到的含 3％,5％ 改性纳米 SiO_2 的 IMD(EPUA/SiO_2)油墨和含 2％RMGEO 的 IMD(EPUA/RMGEO)油墨的表面硬度、柔韧性、耐冲击性、附着力、耐水性、耐酸碱性、耐 300℃ 温变性均能满足 IMD 油墨的性能要求，关于这方面的 IMD 油墨用树脂的合成尚未见国内外文献报道，因此具有较大的参考价值。

参 考 文 献

[1] Kessel S, Lawrence C L, Menon N. Inks for in-mould decoration [P]. US: 0052477 A1, 9th, Mar., 2006.

[2] Fujimaki S. Thermal transfer ink [P]. US: 5, 376, 433, 27th, Dec., 1994.

[3] Dominguez-Rosado E, Liggat J J, Snape C E, et al. Thermal degradation of urethane modified polyisocyanurate foams based on aliphatic and aromatic polyester polyol [J]. Polymer Degradation and Stability, 2002, 78(1): 1-5.

[4] Wang L F, Ji Q, Glass T E, et al. Synthesis and characterization of organosiloxane modified segmented polyether polyurethanes [J].

Polymer，2000，41(13)：5083 - 5093.

[5] 刘运学，王扬松，范兆荣,等. 耐热聚氨酯弹性体的制备及性能研究[J]. 化工新型材料，2007，35(12)：18 - 24.

[6] Czech Z，Pelech R. Thermal decomposition of polyurethane pressure-sensitive adhesives dispersions [J]. Progress in Organic Coatings，2010，67：72 - 75.

[7] 莫健华，罗华. 浇注型耐热聚氨酯树脂材料的热性能和力学性能[J]. 化工学报，2005，56(7)：1368 - 1371.

[8] Pathak S S，Sharma A，Khanna A S. Value addition to waterborne polyurethane resin by silicone modification for developing high performance coating on aluminum alloy [J]. Progress in Organic Coatings，2009，65(2)：206 - 216.

[9] Oprea S，Vlad S，Stanciu A. Poly(urethane-methacrylate)s Synthesis and characterization [J]. Polymer，2001，42(17)：7257 - 7266.

[10] Lu Q S，Sun L H，Yang Z G，et al. Optimization on the thermal and tensile influencing factors of polyurethane-based polyester fabric composites [J]. Composites Part A：Applied Science and Manufacturing，2010，41(8)：997 - 1005.

[11] 张俊生，全一武，陈庆民. 聚硫聚氨酯(脲)的热稳定性[J]. 高分子材料科学与工程，2008，24(1)：113 - 116.

[12] Guignot C，Betz N，Egendre B L，et al. Degradation of segmented poly(etherurethane) Tecoflex® induced by electron beam irradiation：Characterization and evaluation[J]. Nuclear Instruments and Methods in Physics Research section B，2001，185 (1 - 4)：100 - 107.

[13] Chattopadhyay1 D K，Webster D C. Thermal stability and flame retardancy of polyurethanes [J]. Progress in Polymer Science，2009，34：1068 - 1133.

[14] Petrovic Z S，Zavargo Z，Flynn J H，et al. Thermal degradation of segmented polyurethanes [J]. Journal of Applied Polymer Science，1994，51(6)：1087 - 1095.

[15] Blackwell J，Nagarajan M R，Haitink T B. Structure of polyurethane elastomers：effect of chain extender length on the structure of MDI/

diol hard segments [J]. Polymer, 1982, 23(7): 950 – 956.

[16] Sarkar S, Adhikari B. Thermal stability of lignin-hydroxyterminated polybutadiene copolyurethanes [J]. Polymer Degradation and Stability, 2001, 73: 169 – 175.

[17] Pielichowski K, Pielichowski J, Altenburg H, et al. Thermal degradation of polyurethanes based on MDI: characteristic relationships between the decomposition parameters [J]. Thermochim Acta, 1996, 284: 419 – 28.

[18] Wang T L, Hsieh T H. Effect of polyol structure and molecularweight on the thermal stability of segmented poly (urethaneureas) [J]. Polymer Degradation and Stability, 1997, 55(1): 95 – 102.

[19] Grassie N, Zulfiqar M, Guy M I. Thermal degradation of a series of polyester polyurethanes [J]. Journal of Polymer Science Polymer Chemistry Edition, 1980, 18(1): 265 – 274.

[20] Ferguson J, Petrovic Z. Thermal stability of segmented polyurethanes [J]. European Polymer Journal, 1976, 12(3): 177 – 181.

[21] Liu J, Ma D. Study on synthesis and thermal properties of polyurethane-imide copolymers with multiple hard segments [J]. Journal of Applied Polymer Science, 2002, 84(12): 2206 – 2215.

[22] Song Y M, Chen W C, Yu T L, et al. Effect of isocyanates on the crystallinity and thermal stability of polyurethanes [J]. Journal of Applied Polymer Science, 1996, 62(5): 827 – 834.

[23] Zhang L, Huang J. Effects of hard-segment compositions on properties of polyurethane-nitrolignin films [J]. Journal of Applied Polymer Science, 2001, 81(13): 3251 – 3259.

[24] Chattopadhyay D K, Sreedhar B, Raju K. Thermal stability of chemically crosslinked moisture-cured polyurethane coatings [J]. Journal of Applied Polymer Science, 2005, 95: 1509 – 1518.

[25] Coutinho F, Delpech M C, Alves T L, et al. Degradation profiles of cast films of polyurethane and poly(urethane-urea) aqueous dispersions based on hydroxyterminated polybutadiene and different diisocyanates [J]. Polymer Degradation and Stability, 2003, 81(1): 19 – 27.

[26]   Stanciu A，Bulacovschi V，Condratov V，et al. Thermal stability and
       the tensile properties of somesegmented poly(ester-siloxane)urethanes
       [J]. Polymer Degradation Stability，1999，64(2)：259 – 265.

[27]   Mathur G，Kresta J E，Frisch K C，et al. Stabilization of
       polyether-urethanes and polyether (urethane-urea) block copolymers [J].
       Advances in urethane science and technology. Westport：Technomic
       Publication, 1978，6：103 – 172.

[28]   Lee H K，Ko S W. Structure and thermal properties of polyether
       polyurethaneurea elastomers [J]. Journal of Applied Polymer Science，
       1993，50(7)：1269 – 1280.

[29]   Zulfiqar S，Zulfiqar M，Kausar T，et al. Thermal degradation of
       phenyl methacrylate-methyl methacrylate copolymers [J]. Polymer
       Degradation Stability，1987，17(4)：327 – 339.

[30]   Abu-Zeid M E，Nofel E E，Abdul-Rasoul F A，et al. Photoacoustic
       study of thermal degradation of polyurethane [J]. Journal of Applied
       Polymer Science，1983，28(7)：2317 – 2324.

[31]   Blackwell J，Nagarajan M R. Conformational analysis of poly
       (MDIbutanediol) hard segment in polyurethane elastomers [J].
       Polymer，1981，22(2)：202 – 208.

[32]   Blackwell J，Quay J R，Nagarajan M R，et al. Molecular parameters
       for the prediction of polyurethane structures [J]. Journal of Polymer
       Science：Polymer Physics Edition，1984，22(7)：1247 – 1259.

[33]   Chuang F S. Analysis of thermal degradation of diacetylenecontaining
       polyurethane copolymers [J]. Polymer Degradation and Stability，
       2007，92(7)：1393 – 1407.

[34]   Chattopadhyay D K，Sreedhar B，Raju K. Influence of varying hard
       segments on the properties of chemically crosslinked moisture-cured
       polyurethane-urea [J]. Journal of Polymer Science Part B：Polymer
       Physics，2005，44(1)：102 – 118.

[35]   Oprea S. Effect of structure on the thermal stability of curable
       polyester urethane urea acrylates [J]. Polymer Degradation and
       Stability，2002，75(1)：9 – 15.

[36] Liaw D J. The relative physical and thermal properties of polyurethane elastomers：effect of chain extenders of bisphenols，diisocyanate，and polyol structures [J]. Journal of Applied Polymer Science，1997，66 (7)：1251 - 1265.

[37] Qin X M，Fang F，Yang X H，et al. Synthesis and characterization of polyurethane urea based on fluorine-containing bisphenoxydiamine [J]. Journal of Applied Polymer Science，2006，102(2)：1863 - 1869.

[38] 邹德龙，杨姗姗，杨丹，等. HYPB /TDI/DMTDA 聚氨酯弹性体研制 [J]. 合成材料老化与应用，2008，37(1)：38 - 40.

[39] 张跃冬，商士斌，张晓艳，等. 松香改性硬质聚氨酯泡沫塑料耐热性研究(Ⅱ)——泡沫组成对耐热性的影响[J]. 林产化学与工业，1995，15 (4)：1 - 6.

[40] Cooper S L，Tobolsky A V. Properties of linear elastomeric polyurethanes [J]. Journal of Applied Polymer Science，1966，10 (12)：1837 - 1844.

[41] Lee H S，Wang Y K，Hsu L S. Spectroscopic analysis of phase separation behavior of model polyurethanes [J]. Macromolecule，1987，20 (9)：2089 - 2095.

[42] 甄建军，翟文. 微相分离对聚氨酯弹性体耐热性能的影响研究[J]. 弹性体，2009，19(1)：23 - 25.

[43] 甄建军，翟文. 十八醇对 TDI 型聚氨酯弹性体耐热性能的影响[J]. 聚氨酯工业，2009，24(1)：37 - 39.

[44] Petrovic Z，Javni I. The effect of soft-segment length and concentration on phase separation in segmented polyurethanes [J]. Journal of Polymer Science Part B：Polymer Physics，1989，27(3)：545 - 560.

[45] Seefried C G，Koleske J V，Critchfield F E，et al. Thermoplastic urethane elastomers Ⅳ. Effects of cycloaliphatic chain extender on dynamic mechanical properties [J]. Polymer Engineering & Science，1975，15(9)：646 - 650.

[46] 刘树. 聚氨酯弹性体的氢键[J]. 合成橡胶工业，1991，14 (3)：220 - 226.

[47] Ballistreri A，Garozzo D，Giuffrida M，et al. Primary thermal

decomposition processes in aliphatic polyamides ［J］. Polymer Degradation and Stability，1989，23(1)：25 - 41.

［48］ Gupta T，Adhikari B. Thermal degradation and stability of HTPB-based polyurethane and polyurethaneureas ［J］. Thermochimica Acta，2003，402(1 - 2)：169 - 181.

［49］ Matuszak M L，Frisch K C. Thermal degradation of linear polyurethanes and model biscarbamates ［J］. Journal of Polymer Science：Polymer Chemistry Edition，1973，11(3)：637 - 648.

［50］ 张晓华，曹亚. 交联对透明聚氨酯弹性体结构与性能的影响[J]. 高分子材料科学与工程，2002，18(6)：122 - 125.

［51］ 李再峰，辛浩波，邢政，等. 化学交联网络对聚氨酯脲弹性体的形态及性能的影响[J]. 高分子材料科学与工程，1999，15(4)：84 - 86.

［52］ Lin J C，Wu C H. Surface characterization and platelet adhesion studies on polyurethane surface immobilized with C_{60} [J]. Biomaterials，1999，20(17)：1613 - 1620.

［53］ Min Z R，Ming Q Z，Yong X Z，et al. Improvement of tensile properties of nano-SiO_2/PP composites in relation to percolation mechanism[J]. Polymer，2001，42(7)：3301 - 3304.

［54］ 李阳，梁伯润. 聚氨酯/蒙脱土纳米复合材料[J]. 聚氨酯工业，2003，18(3)：1 - 4.

［55］ Luo P，Nieh T G，Schwartz A J，et al. Surface characterization of nanostructured metal and ceramic particles ［J］. Materials Science and Enginering，1995，204(1 - 2)：59 - 64.

［56］ 骆锋，阮建明，万千，等. 纳米二氧化硅粉体的微乳液制备及表征[J]. 粉末冶金材料科学与工程，2004，9(2) ：93 - 95.

［57］ 冯拉俊，刘毅辉，雷阿利. 纳米颗粒团聚的控制[J]. 微纳电子技术，2003，(08)：536 - 542.

［58］ 王剑华，郭玉忠. 超细粉制备方法及其团聚问题[J]. 1997，22(01)：71 - 77.

［59］ 李凤生. 超细粉体技术 ［M］. 北京：国防工业出版社，2000，7：277 - 288.

［60］ Subero J，Ning Z，Ghadiei M，et al. Effect of interface energy on the impact strength of agglomerates [J]. Powder Technology, 1999, 105 (1 - 3):66 - 73.

[61]　Singhal A，Skandan G，Wang A，et al. On nanoparticle aggregation during vapour phase synthesis [J]. Nanostructured Materials, 1999, 11(4):545 - 552.

[62]　Cammarata R C. Surface and interface stress effects on interfacial and nanostructured materials [J]. Materials Science and Engineerig A, 1999, 237 (2):180 - 184.

[63]　张竞敏，唐正文，杨治中. 纳米粒子及其材料的特性、应用和制备[J]. 广州化学，1995，(3)：54 - 63.

[64]　Sanjeev J，George P F，Toivo T K，et al. A theoretical study on gas phase coating of aerosol particles [J]. Journal of Colloid and Interface Science, 1997, 185(1) : 26 - 38.

[65]　Xu Y，Lisa A. Synthesis and characterization of iron oxide-coated silica and its effect on metal adsorption [J]. Journal of Colloid and Interface Science, 2005, 282 (1): 11 - 19.

[66]　Sun Y Y，Zhang Z Q，Wong C P. Study on mono-dispersed nano-size silica by surface modification for underfill applications [J]. Journal of Colloid and Interface Science, 2005, 292 (2): 436 - 444.

[67]　Li X H，Cao Z，Zhang Z J，et al. Surface-modification in situ of nano-SiO_2 and its structure and tribological properties [J]. Applied Surface Science, 2006, 252 (22): 7856 - 7861.

[68]　Chen S，Sui J J，Chen L. Positional assembly of hybrid polyurethane nanocomposites via incorporation of inorganic building blocks into organic polymer [J]. Colloid and Polymer Science, 2004, 283 (1):66 - 73.

[69]　Chen G D，Zhou S X，Gu G X，et al. Modification of colloidal silica on the mechanical properties of acrylic based polyurethane/silica composites [J]. Colloids and Surfaces A：Physicochemical and Engineering Aspects, 2007, 296 (1 - 3) : 29 - 36.

[70]　游波，廖慧敏，武利民. 水性纳米 SiO_2/聚酯复合树脂及涂料的制备与性能表征[J]. 涂料工业，2007，37 (1) : 14 - 17.

［71］ 欧宝立. SiO_2 大分子单体的合成［J］. 应用化学，2006，23 (7)：803－806.

［72］ 钱翼清,范牛奔. TDI 改性纳米 SiO_2 表面［J］. 功能材料,2001,32(6)：652－654.

［73］ 张颖，侯文生，魏丽乔，等. 纳米 SiO_2 的表面改性及其在聚氨酯弹性体中的应用［J］. 功能材料，2006，37 (8)：1286－1291.

［74］ Yang C H, Liu F J, Liu Y P, et al. Hybrids of colloidal silica and waterborne polyurethane ［J］. Journal of Colloid and Interface Science，2006，302 (1)：123－132.

［75］ Torró-Palau A M, Fernández-García J C, Orgilés-Barceló A C, et al. Characterization of polyurethanes containing different silicas ［J］. International Journal of Adhesion & Adhesives，2001，21 (1)：1－9.

［76］ Zhou S X, Wu L M, Sun J, et al. The change of the properties of acrylic-based polyurethane via addition of nanosilica ［J］. Progress in Organic Coatings，2002，45 (1)：33－42.

［77］ Chen Y C, Zhou S X, Yang H H, et al. Preparation and characterization of nanocomposite polyurethane ［J］. Journal of Colloid and Interface Science，2004，279 (2)：370－378.

［78］ Chen G D, Zhou S X, Gu G X, et al. Effects of surface properties of colloidal silica particles on redispersibility and properties of acrylic-based polyurethane/silica composites ［J］. Journal of Colloid and Interface Science，2005，281 (2)：339－350.

［79］ Kumar V, Achuthan A T, Sivanandan K, et al. Sol-gel synthesis of PZT-glass nanocomposites using a simple system and characterization ［J］. International Journal of Applied Ceramic Technology，2006，3 (5)：345－352.

［80］ Lee C F, Tsai H H, Wang L Y, et al. Synthesis and Properties of Silica/Polysty rene/Polyaniline Conductive Composite Particles ［J］. Journal of Polymer Science A：Polymer Chemistry，2005，43(2)：342－348.

［81］ John M D, Chung Y J, Hu Y. Organically Modified Silicates by the Sol-Gel Method ［J］. Journal of noncrystal，1992，147：271－278.

[82] Stöber W, Fink A, Bohn E. Controlled growth of monodisperse silica spheres in the micron size range [J]. Journal of Colloid Interface Science, 1968, 26(1): 62 - 69.

[83] Zhao L, Yu J G, Cheng B, et al. Preparation and formation mechanisms of monodispersed silicon dioxide spherical particles [J]. Acta Chimica Sinica. , 2003, 61(4): 562 - 564.

[84] 林健. 催化剂对正硅酸乙酯水解-聚合机理的影响[J]. 无机材料学报, 1997, 12(3): 363 - 369.

[85] 林健. 溶胶-凝胶法制备高表面性能二氧化硅凝胶材料[J]. 建筑材料学报, 1998, 1(2): 155 - 159.

[86] 陈同来, 陈铮. 催化方式和水硅比对正硅酸乙酯的溶胶-凝胶过程的影响[J]. 华东船舶工业学院学报(自然科学版), 2003, 17(3): 62 - 65.

[87] 石智强, 李赛, 刘孝波, 等. 溶胶-凝胶法制备聚氨酯/二氧化硅杂化材料[J]. 四川大学学报, 2004, 36(3): 60 - 63.

[88] Zhang S J, Wu Z H. Preparation and characterization of polyurethane/SiO₂ nano-composite materials [J]. Journal of Chemical Industry and Engineering, 2002 (11): 11 - 13.

[89] Yim T J, Kim S Y, Yoo K P, et al. Fabrication and thermophysical characterization of nanoporous silica polyurethane hybrid aerogel by sol-gel processing and supercritical solvent dr ying technique [J]. Korean Journal of Chemical Engineering, 2002, 19(1): 159 - 166.

[90] Cho J W, Lee S H. Influence of silica on shape memory effect and mechanical properties of polyurethane silica hybrids [J]. European Polymer Journal, 2004, 40 (7): 1343 - 1348.

[91] Chen Y C, Zhou S X, Yang H H, et al. Preparation and characterization of nanocomposite polyurethane [J]. Journal of Colloid and Interface Science, 2004, 279 (2): 370 - 378.

[92] Garcia M, Barsema J N, Galindo R E, et al. Hybrid Organic Inorganic Nylon-6/SiO₂ Nanocomposites: Transport Properties [J]. Polymer Engineering and Science, 2004, 44(7): 1240 - 1246.

[93] Lu H D, Hu Y, Li M, et al. Structure characteristics and thermal properties of silane grafted polyethylene/clay nanocomposite prepared

by reactive extrusion [J]. Composites Science and Technology, 2006, 66(15): 3035 - 3039.

[94] Shen J, Zhang Z H, Wu G M, et al. Preparation and characterization of polyurethane/SiO₂ nanocomposite materials [J]. Journal of Chemical Industry and Engineering, 2002, 53(11): 258 - 259.

[95] Wu W, Chen J F, Lei S, et al. Polymer grafting modification of the surface of nano silicon dioxide [J]. Journal of University of Science and Technology Beijing, 2002, 9(6): 426 - 427.

[96] Trakulsujaritchok T, Hourston D J. Damping characteristics and mechanical properties of silica filled PUR/PEMA simultaneous interpenetrating polymer networks [J]. European Polymer Journal, 2006, 42 (11): 2968 - 2976.

[97] Chen Y C, Zhou S X, Yang H H, et al. Structure and properties of polyurethane /nanosilica composites [J]. Journal of Applied Polymer Science, 2005, 95(5): 1032 - 1039.

[98] Barna E, Bommer B, Kürsteiner J, et al. Innovative scratch proof nanocomposites for clear coatings [J]. Composites PartA: Applied Science and Manufacturing, 2005, 36 (4):473 - 480.

[99] 张立德, 牟季美. 纳米材料和纳米结构[M]. 北京: 科学出版社, 2001, 42 - 44.

[100] Nunes R C R, Fonseea J L C, Pereira M R. Polymer-filler interactions and mechanical properties of a polyurethane elastomer [J]. Polymer Testing, 2000, 19(1):93 - 103.

[101] Nunes R C R, Pereira R A, Fonseea J L C. Material characterization x-ray studies on compositions of Polyurethane and silica [J]. PolymerTesting, 2001, 20(2):707 - 712.

[102] Lee S B, Hahn Y B, Nahm K S, et al. Synthesis of Polyether-based Polyurethane-silica nanocomposites with high elongation property [J]. Polmers for Advanced Technologies, 2005, 16(4): 328 - 331.

[103] Cho J W, Lee S H. Influence of silica on shape memory effect and mechanical properties of polyurethane-silica hybrids [J]. European Polymer Journal, 2004, 40(7): 1343 - 1348.

[104] Chen Y H, Zhou S X, Yang H H, et al. Preparation and characterization of nanocomposite Polyurethane [J]. Journal of Colloid and Interface Science, 2004, 279(2): 370 – 378.

[105] 张志华, 沈军, 吴广明, 等. SiO₂不同的掺杂方式对聚氨酯树脂材料性能的影响[J]. 材料导报, 2003, 17(9):127 – 304.

[106] Shen J, Zhang Z H, Wu G M. Preparation and characterization of polyurethane doped with nano-sized SiO₂ derived from sol-gel process [J]. Journal of Chemical Engineering of Japan, 2003, 36 (10):1270 – 1275.

[107] Geim A K, Novoselov K S. The rise of graphene [J]. Nature Materials, 2007, 6(3):183 – 191.

[108] Dan L, Richard B K. Graphene-based materials [J]. Materials science, 2008, 320:1170 – 1171.

[109] Lee C, Wei X, Kysar J W. et al. Measurement of the elastic properties and intrinsic strength of monolayer grapheme [J]. Science, 2008, 321(5887):385 – 388.

[110] Ponomarenko L, Schedin F, Katsnelson M, et al. Chaotic dirac billiard in grapheme quantum dots [J]. Science, 2008, 320(5874): 356 – 358.

[111] Zhang Y B, Brar V W, Girit C, et al. Origin of spatial charge inhomogeneity in graphene [J]. Nature Physics, 2009, 5 (10):722 – 726.

[112] Hummers W S, Offeman R E. Preparation of graphitic oxide [J]. Journal of the American Chemical Society, 1958, 80(6):1339 – 1339.

[113] Dikin D A, Stankovich S, Zimney E J, et al. Preparation and characterization of graphene oxide paper [J]. Nature, 2007, 488 (7152):457 – 460.

[114] Brodie B C. Surle poids atomique du graphite[J]. Annals of Physics, 1860, 59: 466 – 472.

[115] Staudenmaier L. Verfahren zur darstellung der graphits ure [J]. Berichte der Deutschen Chemischen Gesellschaft, 1898, 31(2): 1481 – 1487.

[116]　Hummers W S, Offeman R E. Preparation of Graphitic Oxide [J]. Journal of the American Chemical Society, 1958, 80(6):1339 – 1339.

[117]　Gao W, Alemany L B, Ci L J, et al. New insights into the structure and reduction of graphite oxide [J]. Nature Chemical Biology, 2009, 1(5):403 – 408.

[118]　Lerf A, He H Y, Forster M, et al. Structure of graphite oxide revisited [J]. Journal of Physical Chemistry B, 1998, 102(23):4477 – 4482.

[119]　Paci J T, Belytschko T, Schatz G C. Computational studies of the structure, bebavior upon heating, and mechanical properties of graphite oxide [J]. Journal of Physical Chemistry C, 2007, 111(49): 18099 – 18111.

[120]　Boukhvalov D W, Katsnelson M I. Modeling of graphite oxide [J]. Journal of the American Chemical Society, 2008, 130 (32): 10697 –10701.

[121]　Dikin D A, Stankovich S, Zimney E J, et al. Preparation and characterization of graphene oxide paper [J]. Nature, 2007, 448 (7152):457 – 460.

[122]　Stankovich S, Dikin D A, Dommett G H B, et al. Graphene-based composite materials [J]. Nature, 2006, 442(7100):282 – 286.

[123]　Stankovich S, Piner R D, Nguyen S T, et al. Synthesis and exfoliation of isocyanate-treated graphene oxide nanoplatelets [J]. Carbon, 2006, 44(15): 3342 – 3347.

[124]　Matsuo Y, Fukunaga T, Fukutsuka T, et al. Silylation of graphite oxide [J]. Carbon, 2004, 42(10):2117 – 2119.

[125]　Matsuo Y, Tabata T, Fukunaga T, et al. Preparation and characterization of silylated graphite oxide [J]. Carbon, 2005, 43 (14): 2875 – 2882.

[126]　Matsuo Y, Komiya T, Sugie Y. The effect of alkyl chain length on the structure of pillared carbons prepared by the silylation of graphite oxide with alkyltrichlorosilanes [J]. Carbon, 2009, 47 (12): 2782 –2788.

[127] Matsuo Y, Matsumoto Y, Fukutsuka T, et al. Reaction between dibutyltin oxide and graphite oxide [J]. Carbon, 2006, 44(14):3134 – 3135.

[128] Park S, Lee K S, Bozoklu G, et al. Graphene oxide papers modified by divalent ions-Enhancing mechanical properties via chemical cross-linking [J]. Acs Nano, 2008, 2(3):572 – 578.

[129] Cai D Y, Song M. Preparation of fully exfoliated graphite oxide nanoplatelets in organic solvent [J]. Journal of Materials Chemistry, 2007, 17(35):3678 – 3680.

[130] Paredes J I, Villar-Rodil S, Martinez-Alonso A, et al. Graphene oxide dispersions in organic solvents [J]. Langmuir, 2008, 24(19): 10560 – 10564.

[131] Park S, Ruoff R S. Chemical methods for the production of graphemes [J]. Nature Nanotechnology, 2009, 4(4):217 – 224.

[132] Rao C N R, Sood A K, Subrahmanyyam K S, et al. Graphene: The new two-dimensional nanomaterial [J]. Angewandte Chemie, International Edition, 2009, 48(42):7752 – 7777.

[133] Gao W, Alemany L B, Ci L J, et al. New insights into the structure and reduction of graphite oxide [J]. Nature Chemical Biology, 2009, 1(5):403 – 408.

[134] Stankovich S, Dikin D A, Piner R D, et al. Synthesis of graphene-based nanosheets via chemical reduction of exfoliated graphite oxide [J]. Carbon, 2007, 45(7):1558 – 1565.

[135] Stankovich S, Piner R D, Chen X Q, et al. stable aqueous dispersions of graphitic nanoplatelets via the reduction of exfoliated graphite oxide in the presence of poly(sodium 4-styrenesulfonate) [J]. Journal of Materials Chemistry, 2006, 16(2):155 – 158.

[136] Stankovich S, Dikin D A, Dommett G H B, et al. graphene-based composite materials [J]. Nature, 2006, 442(7100):282 – 286.

[137] Hamilton C E, Lomeda J R, Sun Z Z, et al. High-yield organic dispersions of unfunctionalized grapheme [J]. Nano Letters, 2009, 9 (10):3460 – 3462.

[138] Xu C, Wu X D, Zhu J W, et al. Synthesis of amphiphilic graphite oxide [J]. Carbon, 2008, 46(2):386 – 389.

[139] Shen J F, Hu Y H, Li C, et al. Synthesis of amphiphilic graphene nanoplatelets [J]. Small, 2009, 5(1):82 – 85.

[140] Fan X B, Peng W C, Li Y, et al. Deoxygenation of exfoliated graphite oxide under alkaline conditions: A green route to graphene preparation [J]. Advanced Materials, 2008, 20(23): 4490 – 4493.

[141] Nethravathi C, Rajamathi M. Chemically modified graphene sheets produced by the solvothermal reduction of colloidal dispersions of graphite oxide [J]. Carbon, 2008, 46(14):1994 – 1998.

[142] Granero A J, Razal J M, Wallace G G, et al. Spinning carbon nanotube-gel fibers using polyelectrolyte complexation [J]. Advanced Functional Materials, 2008, 18(23): 3759 – 3764.

[143] Fujigaya T, Morinoto T, Niidome Y, et al. NIR laser-driven reversible volume phase transition of single-walled carbon nanotube/poly(n-isopropylacrylamide) composite gels [J]. Advanced Materials, 2008, 20(19):3610 – 3614.

[144] Vaysse M, Khan M K, Sundararajan P. Carbon nanotube reinforced porous gels of poly (methyl methacrylate) with nonsolvents as porogens [J]. Langmuir, 2009, 25(12): 7042 – 7049.

[145] Stankovich S, Dikin D A, Dommett G H B, et al. Graphene-based composite materials [J]. Nature, 2006, 442 (7100):282 – 286.

[146] Ramanathan T, Abdala A A, Stankovich S, et al. Functionalized graphene sheets for polymer nanocomposites [J]. Nature Nanotechnology, 2008, 3(6):327 – 331.

[147] Das B, Prasad K E, Ramamurty U, et al. Nano-indentation studies on polymer matrix composites reinforced by few-layer graphene [J]. Nanotechnology, 2009, 20(12):125705 – 125705.

[148] Liang J, Xu Y, Huang Y, et al. Infrared-triggered actuators from graphene-based nanocomposites [J]. Journal of Physical Chemistry C, 2009, 113(22):9921 – 9927.

第2章 耐热性酚醛环氧基聚氨酯(EPU)的制备与表征

2.1 引　　言

聚氨酯具有良好的柔韧性、抗冲击性、加工性、中低温固化性、抗划伤、耐摩擦、高光泽等优异性能[1-20]，能基本满足 IMD 油墨用树脂在这几方面的要求。但是传统的纯聚氨酯在耐热性和表面硬度方面却不能满足 IMD 油墨用树脂的要求。因传统的聚酯基聚氨酯或聚醚基聚氨酯存在较多柔性且弱离解能的脂肪族基团，当加工温度超过 200℃ 时，聚氨酯材料中的这些弱离解能基团将会发生热降解[21]，从而破坏聚氨酯材料的物理化学性能，这在一定程度上限制了它在高温加工或高温使用等方面的应用。如前所述，提高聚氨酯耐热性的方法之一，可以通过引入含大量高离解能的杂环如苯环或异氰酸酯环类基团，相对减少弱离解能的脂肪族基团。为此，本章旨在研究、探讨将一种具有较好耐热性和表面硬度的物质引入到聚氨酯树脂体系中，以提高其耐热性和表面硬度。

双酚 A 型酚醛环氧树脂(以下简称酚醛环氧树脂，EP)是一种多官能度的含有大量刚性苯环的高耐热性环氧树脂，其结合了酚醛树脂和环氧树脂的特性[22-25]。酚醛环氧树脂具有多官能度，分子刚性很大，固化产物具有很高的耐热性能、高模量以及耐化学腐蚀等性能，特别是高温性能保持率最高（相比于其他环氧树脂），可作为改性材料用于提高复合材料的高温性能，广泛用于电子封装材料、增强复合材料、高耐热性胶黏剂和高耐热性油墨等场合[26-30]。由于环氧树脂其溶解参数与聚氨酯相近，用其改性聚氨酯，一方面旨在通过酚醛环氧树脂提高聚氨酯的耐热性和表面硬度，另一方面旨在通过聚氨酯的高弹性和高抗冲性来弥补酚醛环氧树脂脆性，使聚氨酯的柔韧性、高弹性、高抗冲性、耐磨性与环氧树脂的高耐热性、高表面硬度有机地结合起来，获得性能优异的环氧基聚氨酯复合树脂基体[31-35]。

为此，本章将研究探讨酚醛环氧树脂以一定的方式引入到聚氨酯体系中，酚醛环氧树脂通过苯甲酸对其进行改性,并探讨反应物摩尔比、催化剂用量、反应温度等对其体系的酸值和转化率的影响,优化苯甲酸改性酚醛环氧树脂合成的工艺条件,制备出一系列(10%,20%,40%,60%,80%,100%)不同开环率的具有羟基官能团的改性酚醛环氧树脂(简称 MEP)。将改性后的改性酚醛环氧树脂作为聚氨酯的 A 组分,选用合适的异氰酸酯三聚体作为 B 组分,A 和 B 两种组分固化后形成环氧基聚氨酯(EPU)。再者,通过红外、核磁和热重分析等表征改性后的 MEP 及 EPU。根据不同开环率生成的聚氨酯中含有不同含量的 MEP,考察引入不同含量的 MEP 至聚氨酯体系对其耐热性、表面硬度、柔韧性、抗冲击性、耐水性和耐酸碱性等性能的影响。

2.2 实 验 部 分

2.2.1 实验原料及仪器

实验中所用到的原料及主要仪器设备见表 2-1。

表 2-1 主要实验原料及仪器规格

原料及仪器	规 格	厂 商
双酚 A 酚醛环氧树脂 CYDBN240	环氧值 0.57	湖南省岳阳市巴陵佳云石化
苯甲酸	固 体	天津市大茂化学试剂厂
催化剂四丁基溴化铵	固 体	广州利邦化工有限公司
固化剂 TDI 三聚体 IL1351	NCO%(8%)	拜耳德士模都
固化剂邻苯二甲酸酐	固 体	国药集团试剂厂
1,4 二氧六环	分析纯(AR)	广州华天胜化工有限公司
恒温水浴锅	HH-2 型数显	金坛市富华仪器有限公司
电动搅拌机	TB-90-D	上海标本模型厂
真空干燥箱	DZF-1B	上海跃进医疗机械厂

2.2.2 苯甲酸改性酚醛环氧树脂(MEP)的合成

典型的苯甲酸改性酚醛环氧树脂的合成工艺如下:在装备有电动搅拌机、恒压漏斗、温度计和冷凝管的 4 口烧瓶中,按照设定的反应物(酚醛环氧树脂和苯甲酸)计量比,称取固体酚醛环氧树脂于 4 口烧瓶中,并加入一定量的二氧六环溶剂,加热至 90℃,将酚醛环氧树脂溶解。再者,将一部分的二氧六环溶剂用于溶解苯甲酸固体,一部分的二氧六环溶剂用于溶解四甲基溴化铵催化剂(添加量为酚醛环氧树脂和苯甲酸总量的 1%(质量分数)),分别将苯甲酸/二氧六环溶液和四甲基溴化铵/二氧六环溶液通过恒压漏斗并流滴加到 4 口烧瓶中,转速为 700 r/min,保持反应温度 90℃,滴加时间为 1 h,反应时间为 4 h。每隔半小时测试下反应体系中的环氧值和酸值,环氧值按照国标盐酸-丙酮法[36]进行测定,酸值按照国标[37]进行测定,当反应体系中的酸值小于 5 mgKOH/g时,即可认为酯化反应已完成,停止反应,得到改性酚醛环氧树脂。

2.2.3　酚醛环氧基聚氨酯(EPU)的制备

按一定计量比(NCO∶OH=1.2∶1),取以上改性酚醛环氧树脂溶液作为聚氨酯的 A 组分,多异氰酸酯三聚体和邻苯二甲酸酐固化剂作为聚氨酯的 B 组分。将 A 和 B 组分混合均匀后,样品涂覆在聚四氟乙烯板或马口铁上,放入 80℃烘箱 2 h 进行固化反应。

2.3　性能测试与表征

2.3.1　环氧值的测定

环氧值按照国标盐酸-丙酮法进行测定[36],测试方法如下:

称取一定质量的样品约为 1 mg,装入三角烧瓶中,用移液管加入 25 mL 的 0.2 mol/L 盐酸-丙酮溶液,加盖充分摇匀,使其完全溶解以后,在室温下放置 15 min 后,加入 25 mL 的中性乙醇或其他溶剂,再加入 3 滴甲基红指示剂,用 0.1 mol/L 氢氧化钠标准溶液滴定过量的盐酸,溶液由粉红色退去变成黄色为终点。同样操作,不加树脂,做空白试验。

环氧值按下式计算,有

$$X = \frac{C(V_0 - V_1)}{100m} \tag{2-1}$$

式中　　X——环氧值;

　　　C——氢氧化钠标准溶液浓度(mol/L);

　　　V_0——空白溶液消耗氢氧化钠标准溶液体积(mL);

　　　V_1——试样溶液消耗氢氧化钠标准溶液体积(mL);

m—— 试样质量(g)。

2.3.2 酸值的测定

酸值按照国标[37]进行测试,测试步骤如下:

称取一定试样于锥形瓶中,加入 15~20 mL 无水乙醇/甲苯混合溶剂(体积比为 1∶2),待试样完全溶解后,滴加 2 或 3 滴酚酞指示剂,立即用乙醇/氢氧化钾标准溶液滴定至桃红色,在 30 s 内体系不褪色即为终点,同时做空白实验参照。酸值按下式计算,有

$$A_{OH} = \frac{56 N_{KOH}(V_1 - V_0)}{m} \quad\quad (2-2)$$

式中　A_{OH}—— 酸值(mgKOH/g);

　　　m—— 试样质量(g);

　N_{KOH}——KOH-乙醇标准溶液的浓度(mol/L);

　　V_1—— 试样消耗的 KOH-乙醇标准溶液的体积(mL);

　　V_0—— 空白试样消耗的 KOH-乙醇标准溶液的体积(mL)。

2.3.3 傅立叶红外(FTIR)测试

红外光谱采用德国 BRUKER VECTOR 33 傅立叶变换红外光谱仪进行测定,以 KBr 为基质,在 400~4 000 cm^{-1} 范围内扫描测定红外光谱。

2.3.4 氢核磁(^{1}H NMR)测定

氢核磁采用 Bruker Avance DRX—400 NMR 核磁共振仪进行测定,溶剂采用氘代丙酮或氘代氯仿,内标为四甲基硅烷,扫描宽度为 600 MHz。

2.3.5 热失重(TGA)测定

样品的热降解性能采用德国耐驰公司 STA499C 热重分析仪进行测定,升温范围为 30~600℃,升温速率为 10℃/min,样品质量为 8~10 mg。

2.3.6 涂膜性能测定

1.涂膜硬度

涂膜的硬度参照国家标准 GB/T 6739—1996《涂膜硬度铅笔测定法》进行测定[38],分为 6 H 到 6 B 共 13 级,其中 6 H 最硬,6 B 最软。

2. 涂膜附着力

涂膜附着力参照国家标准 GB/T 9286—1998《色漆和清漆 漆膜的划格实验》[39]进行十字划格胶带撕拉法测试,测试结果表示为 0~5 级,其中 0 级最好,5 级最差。

3. 涂膜柔韧性

涂膜的柔韧性参照国家标准 GB/T 6742—1993《漆膜柔韧性测定法》[40],采用合叶型弯曲试验仪进行测定,以样板在不同直径的轴棒上弯曲而不引起漆膜破坏的最小轴棒的直径(mm)表示漆膜的柔韧性。测试结果分为2~32 mm共 12 等级,其中等级为 2 mm 的漆膜的柔韧性最好,等级为 32 mm 的漆膜的柔韧性最差。

4. 涂膜耐冲击性

涂膜的冲击强度参照国家标准 GB/T 1732《漆膜耐冲击性测定法》进行测定[41]。涂膜的冲击强度为评价涂膜在高速度的负荷冲击下,抵抗冲击变形的一种性能指标。冲击强度试验仪是以 1 kg 的重锤落在规定厚度的涂膜表面,而不引起破裂程度时视为合格。测定时涂膜朝上,将重锤提升到产品标准规定的高度,按动控制钮,重锤即自由落下提起重锤,取出样板,检查有无脱落、裂纹或皱纹等现象。以不引起漆膜破坏的最大高度表示漆膜的耐冲击性,以厘米(cm)或焦耳(J)表示。其值越大其耐冲击性能越好,其中 50 cm 或 4.9 J 视为耐冲击性最强。

5. 涂膜耐水性

涂膜的耐水性参照国家标准 GB/T 1733《漆膜耐水性测定法》进行测定[42],在玻璃水槽中加入蒸馏水后,将表面涂覆有样品的马口铁板放入其中,并使每块板长度的2/3浸泡于水中。在规定测试的时间内,观察是否有变色、起泡、脱落等现象。

6. 涂膜耐酸碱性

涂膜耐酸碱性参照国家标准 GB/T 9274《色漆和清漆耐液体介质的测定》[43]进行测定,在马口铁板上制备漆膜。在玻璃水槽中加入 0.1 mol/L 的 H_2SO_4 或 0.1 mol/L 的 NaOH 溶液,调节水温为 25℃,并在整个试验过程中保持该温度。将样板放入其中,并使样板长度的2/3浸泡于溶液中。测定一定时间后,将样板取出,观察漆膜是否有失光、变色、起泡、起皱、脱落等现象。

2.4　结果与讨论

2.4.1　苯甲酸改性酚醛环氧树脂的合成机理

苯甲酸改性酚醛环氧树脂的合成路线如图 2－1 所示,苯甲酸改性酚醛环氧树脂是在催化剂的作用下,通过酚醛环氧树脂中的环氧基团与苯甲酸中的羧基发生开环酯化反应而得羟基型改性酚醛环氧树脂。当以碱性催化剂 B 为固化促进剂时,苯甲酸(R_1COOH)与催化剂 B 形成含质子给予体过渡化合物[R_1 COOH ⋯⋯ B],过渡化合物中的羧基与酚醛环氧树脂的环氧基进行开环酯化反应,生成羟基型改性酚醛环氧树脂(苯甲酸改性酚醛环氧树脂产物),其机理见式(2－3)和式(2－4)[44]:

$$R_1COOH + B \Longrightarrow [R_1COOH \cdots\cdots B] \qquad (2-3)$$

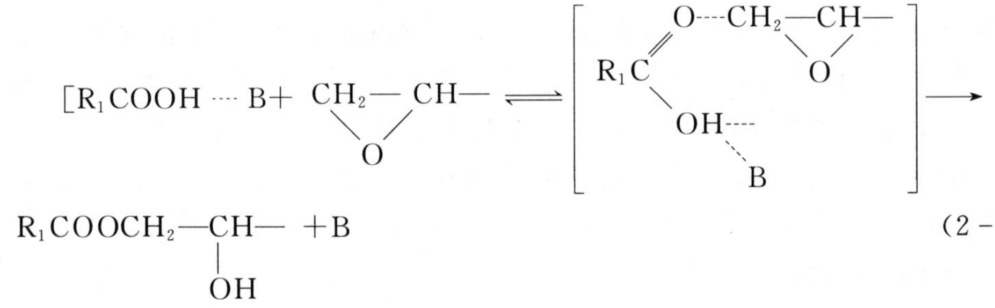

$$[R_1COOH \cdots\cdots B + CH_2{-}CH{-} \underset{O}{\Longleftrightarrow} \left[\begin{array}{c} R_1C \end{array} \right] \longrightarrow$$

$$R_1COOCH_2{-}CH{-} + B \qquad (2-4)$$
$$\qquad\qquad\quad OH$$

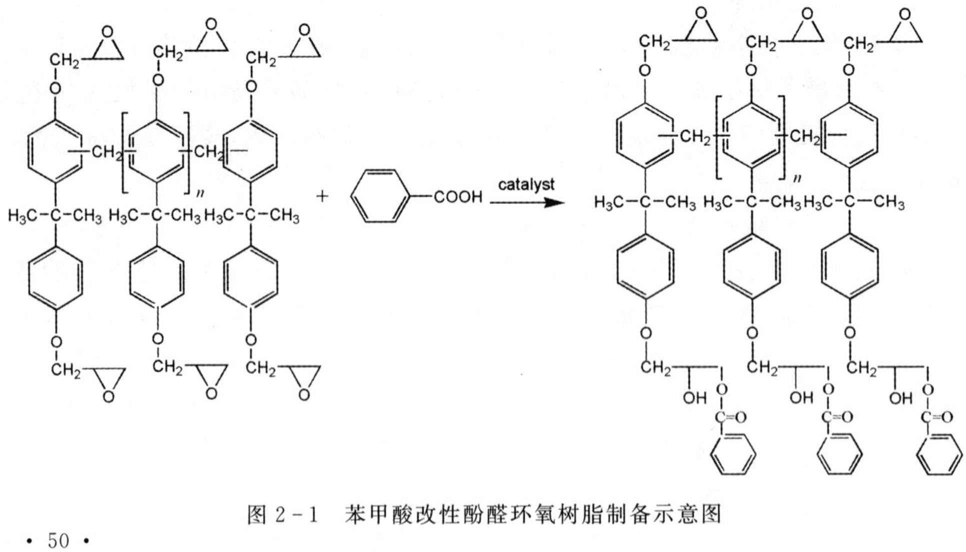

图 2－1　苯甲酸改性酚醛环氧树脂制备示意图

2.4.2　改性酚醛环氧树脂的固化机理

将以上制备得到的不同开环率的改性酚醛环氧树脂与固化剂多异氰酸酯三聚体和邻苯二甲酸酐混合后,在 80℃烘箱内进行 2 h 的固化反应,改性酚醛环氧树脂与固化剂多异氰酸酯三聚体 IL1351 的固化反应示意图如图 2-2 所示,改性酚醛环氧树脂与固化剂邻苯二甲酸酐的固化反应示意图如图 2-3 所示。改性酚醛环氧树脂中的—OH 基团与多异氰酸酯三聚体的—NCO 基团反应生成—NH—C≡O—,酚醛环氧树脂中的环氧基团与酸酐基团生成开环后生成酯基,两者形成一种互穿网络结构[45-46]。

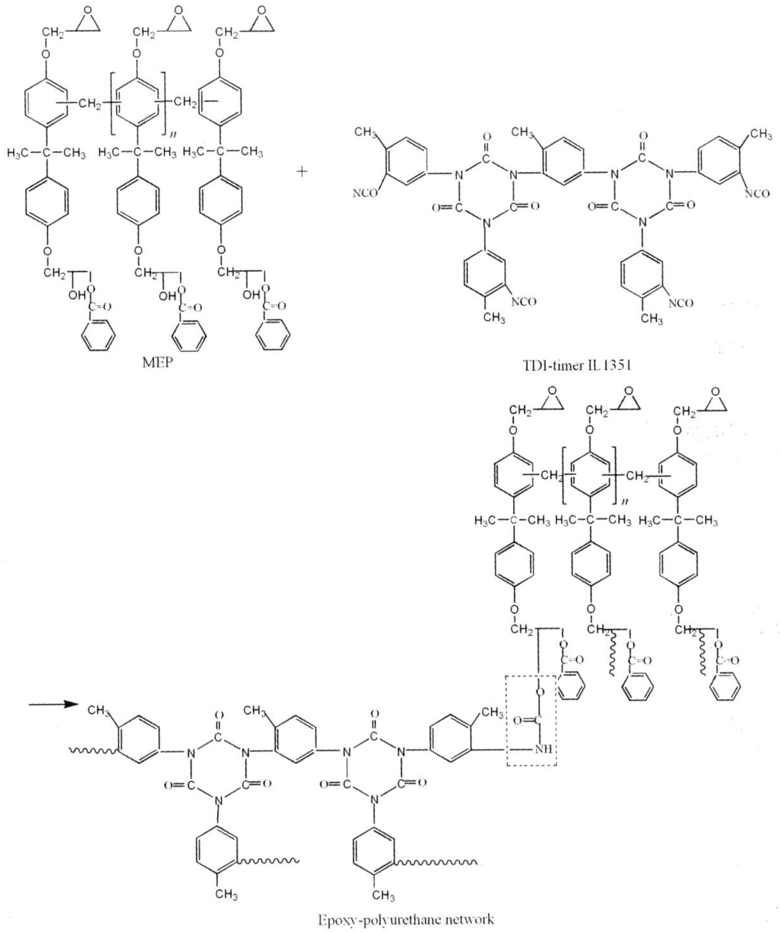

图 2-2　改性酚醛环氧树脂与固化剂多异氰酸酯三聚体 IL1351 的固化反应示意图

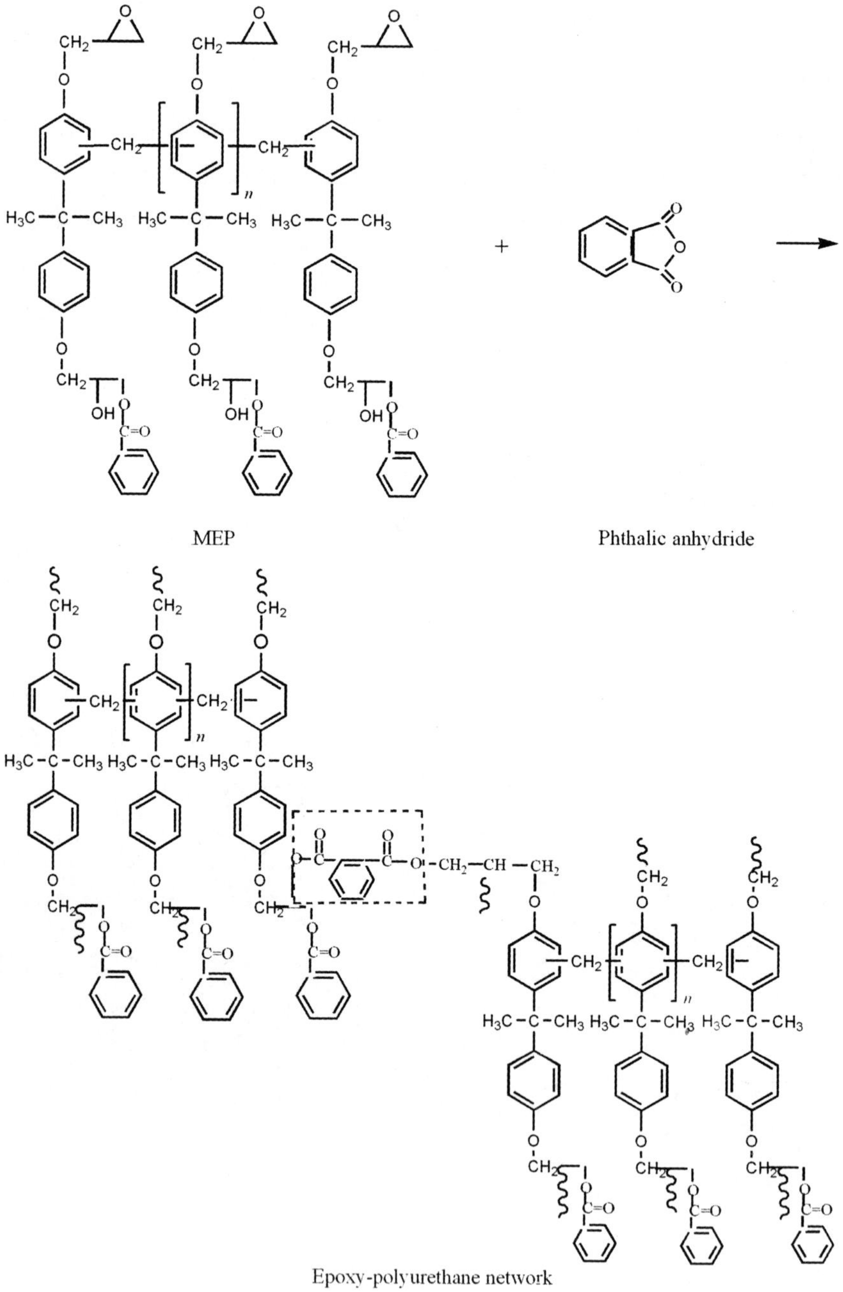

MEP

Phthalic anhydride

Epoxy-polyurethane network

图 2 - 3　改性酚醛环氧树脂与固化剂邻苯二甲酸酐的固化反应示意图

2.4.3　反应物摩尔比对酸值和转化率的影响

酚醛环氧树脂与苯甲酸的酯化开环程度通过反应物的摩尔比来控制,图 2-4所示为反应物的不同摩尔比对体系的酸值和转化率的影响。当催化剂浓度为 1.0%(质量分数),反应温度为 90℃时,对酚醛环氧树脂与苯甲酸的摩尔比分别为 1∶0.1,1∶0.2,1∶0.4,1∶0.6,1∶0.8,1∶1 的反应体系的酸值进行跟踪测定,进而绘制出酸值-时间和转化率-时间关系图。由图 2-4 可见,随着苯甲酸的量增大,摩尔比越接近 1∶1 时,相同时间内酸值下降幅度越大,且转化率也增大,其原因是反应物两者的浓度增大,碰撞概率增大,增大其反应速率,从而也提高了单位时间内的转化率。反应物的摩尔比不同,生成的酚醛环氧树脂羟基含量也不同,产物的羟基当量亦不同,见表 2-2。为此,最佳的反应物摩尔比需通过改性产物 MEP 的固化后性能测试来综合判断。

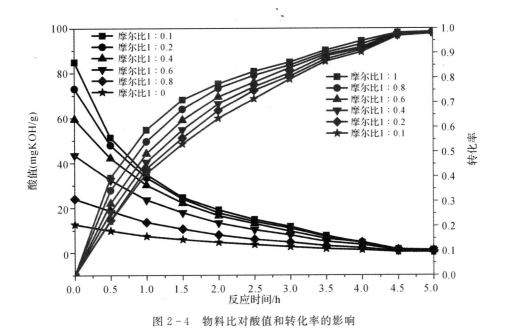

图 2-4　物料比对酸值和转化率的影响

表 2-2 改性酚醛环氧树脂的组分和特性

样　品	环氧基与羧基摩尔比	开环率	环氧值	羟基当量
MEP-10	1：0.1	10%	0.204	4411
MEP-20	1：0.2	20%	0.172	2327
MEP-40	1：0.4	40%	0.117	1286
MEP-60	1：0.6	60%	0.071	938
MEP-80	1：0.8	80%	0.033	765
MEP-100	1：1.0	100%	0	661

2.4.4　催化剂用量对酸值和转化率的影响

图 2-5 为催化剂用量对反应体系的酸值和转化率的影响图。为了确定四丁基溴化铵作为催化剂的用量,当 $n_{环氧}：n_{苯甲酸}=1：0.6$,反应温度为 90℃ 时,对催化剂用量占酚醛环氧树脂和苯甲酸总量的质量百分比分别为 0.5%,1%,1.5%,2% 的反应体系的酸值进行跟踪测定,进而绘制出酸值-时间和转化率-时间关系图。由图 2-5 可见,随着四丁基溴化铵用量的增加,单位时间体系的酸值下降越快,其转化率上升。当催化剂用量增大到 2.0%(质量分数)时,3 h 内能转化率达到 95.4%,但由于四丁基溴化铵为胺类物质,在较高温度下长时间受热分解,且残留催化剂会增加后处理的难度。综合上述因素,四丁基溴化铵的用量选为 1%(质量分数),5 h 内体系转化率达到 98.3%。

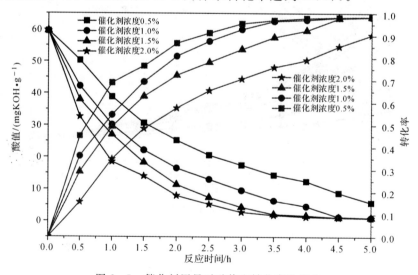

图 2-5　催化剂用量对酸值和转化率的影响

2.4.5　反应温度对酸值和转化率的影响

据文献报道,当以铵盐为催化剂时,双酚 A 缩水甘油醚类环氧树脂与丙烯酸酯化反应温度在 80~120℃之间[47-48],而酚醛环氧树脂与苯甲酸的酯化反应有相同与异同之处。为此,需进一步考察一定温度范围内酸值及转化率随着时间的变化情况。为了确定最适合的反应温度,分别考察了对 80℃,90℃,100℃,110℃,120℃不同温度下反应体系的酸值进行跟踪检测,进而绘制出体系的酸值-时间和转化率-时间关系图(见图 2-6)。在催化剂浓度为 1.0%(质量分数),反应物摩尔比为 1∶0.6 条件下,酚醛环氧树脂与苯甲酸的反应速度随温度升高而加快,温度越高,反应速度越快,其酸值下降的越快,相同时间内的转化率越高。在 100~120℃条件下,转化率达到 90%反应 3 h 即可,90℃条件下需要反应 4 h,80℃条件下需要反应 5 h,其原因是升高体系的反应温度,反应速率常数增大,且体系黏度降低,有利于分子的接触和碰撞,从而使反应速率增大,相同时间内的酸值下降更快,转化率增大。综合反应速率和能耗等方面的考虑,体系最佳的反应温度采用 90~100℃为宜。

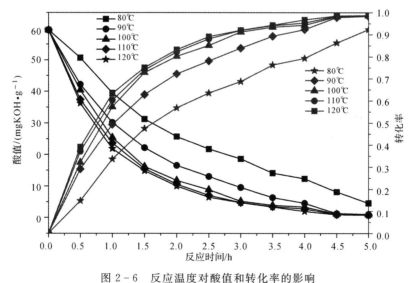

图 2-6　反应温度对酸值和转化率的影响

2.4.6　MEP 和 EPU 的红外谱图分析

1.酚醛环氧树脂与苯甲酸的红外谱图分析
在分析产物改性酚醛环氧树脂前,先分析反应物的红外谱图情况。图2-7

中 a 和 b 分别为反应物酚醛环氧树脂与苯甲酸的红外谱图,从红外光谱图中可以看出,图 2-7 中 a 反应物中酚醛环氧树脂中的 3 049 cm^{-1} 为苯环中═C—H 的伸缩振动峰,2 965 cm^{-1} 为—CH$_3$ 的反对称伸缩振动峰,2 925 cm^{-1} 为—CH$_2$ 的对称和反对称伸缩振动峰,2 878 cm^{-1} 为—CH$_3$ 的对称伸缩振动峰, 1 600 cm^{-1} 和 1 450 cm^{-1} 为苯环中 C═C 的骨架伸缩振动峰,1 030 cm^{-1} 为 C—O—C 的吸收峰,910 cm^{-1} 和 830 cm^{-1} 为环氧基团的特征峰。图 2-7 中 b 反应物苯甲酸中的 2 800~3 200 cm^{-1} 为—COOH 和苯环中═C—H 的伸缩振动吸收峰,1 732 cm^{-1} 为 C═O 的特征吸收峰,2 558 cm^{-1} 和 2 674 cm^{-1} 为羧酸二聚体的伸缩振动吸收峰[50]。

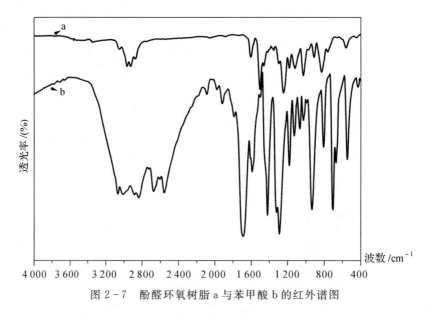

图 2-7　酚醛环氧树脂 a 与苯甲酸 b 的红外谱图

2.改性酚醛环氧树脂(MEP)的红外谱图分析

环氧基开环率分别为 10%,20%,40%,60%,80%,100% 的改性酚醛环氧树脂的红外谱图见图 2-8 所示。在图 2-8 a~f 中的 3 460 cm^{-1} 处出现了新的宽而强的—OH 伸缩振动吸收峰,说明了苯甲酸已经与酚醛环氧树脂发生了开环反应生成了新的—OH 峰,而且随着开环率的增大,生成的—OH 含量增多,在 3 460 cm^{-1} 处的吸收峰强度相应增大。在 3 049 cm^{-1} 处为苯环的═C—H 伸缩振动峰,2 965 cm^{-1} 为—CH$_3$ 的反对称伸缩振动峰,1 719 cm^{-1} 为 C═O 的特征吸收峰,1 605 cm^{-1} 和 1 504 cm^{-1} 为苯环 C═C 的骨架伸缩振动峰,且环氧基的特征峰(915 cm^{-1}和 832 cm^{-1})相应减弱,再次说明苯甲酸已经与酚醛环氧树脂发生了不同程度的环氧基开环反应。

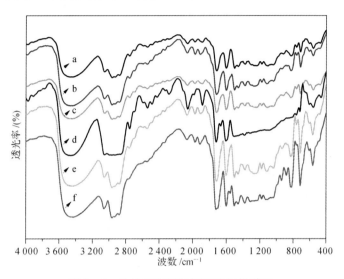

图 2-8　改性酚醛环氧树脂的红外谱图

a—10% 开环率;　b—20%开环率;　c—40%开环率;　d—60%开环率;　e—80%开环率;　f—100%开环率

3.酚醛环氧基聚氨酯(EPU)的红外分析

图 2-9 中 a~f 表示环氧基开环率分别为 10%,20%,40%,60%,80%,100%的改性酚醛环氧树脂与固化剂多异氰酸酯三聚体、邻苯二甲酸酐固化得到的酚醛环氧基聚氨酯(EPU)的红外谱图。从红外谱图中得知,在 910 cm^{-1}附近的环氧基团峰已经消失,说明改性酚醛环氧树脂中的环氧基团已经与固化剂邻苯二甲酸酐发生了固化反应。在 2 275 cm^{-1}处未出现—NCO 吸收峰,在 3 440 cm^{-1}处出现了—NH 基团的伸缩振动吸收峰,且在 1 723 cm^{-1}出现—NH—C =O—的特征峰,说明改性酚醛环氧树脂中的—OH 与固化剂多异氰酸酯三聚体中的—NCO 已经固化完全。3 059 cm^{-1}为苯环中=C—H 的伸缩振动峰,2 965 cm^{-1}为—CH$_3$的反对称伸缩振动峰,2 922 cm^{-1}为—CH$_2$的对称和反对称伸缩振动峰,1 606 cm^{-1}为苯环中的 C =C 骨架伸缩振动峰,1 398 cm^{-1}为—CH$_3$的伸缩振动峰。另外,N—H,—NH—C =O—,苯环上的 C—H 和苯环骨架伸缩振动峰随着开环率的增加而增强,因为随着开环率的增大,生成的—OH 基团含量增多,引入的—NCO 基团增多,固化后生成的氨酯键也相应地增多。

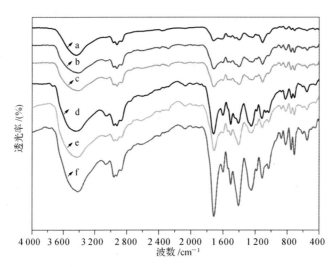

图 2-9　酚醛环氧基聚氨酯的红外谱图

a—10% 开环率；　b—20% 开环率；　c—40% 开环率；　d—60% 开环率；　e—80% 开环率；　f—100% 开环率

2.4.7　改性酚醛环氧树脂(MEP)的核磁分析

为确定合成产物的分子结构,采用氢核磁对反应物和产物进行了对比分析。图 2-10(a)(b)(c)分别为酚醛环氧树脂、苯甲酸、10% 开环的酚醛环氧树脂的氢核磁共振谱图。从反应物酚醛环氧树脂的氢核磁图 2-10(a)中得知,在化学位移 1.413~1.614ppm,2.572~2.698ppm,2.748~2.817ppm,3.098~3.292ppm,3.792~4.281ppm 和 6.782~7.154ppm 处的峰分别归属于甲基、环氧基中的亚甲基、连接两个苯环的亚甲基桥、环氧基中的次甲基、连接环氧基和酚氧基的亚甲基和苯环上的氢。从反应物苯甲酸的氢核磁图 2-10(b)中得知,在化学位移 7.465~7.504ppm 处为苯环上间位氢,7.600~7.643ppm 处为苯环上对位氢,8.119~8.139ppm 处为苯环上邻位氢,在 12.741ppm 处的—COOH 中的氢吸收峰较弱,很难观察到。从产物改性酚醛环氧树脂的氢核磁图 2-10(c)中得知,在 3.546ppm 处为改性酚醛环氧树脂中的—OH特征峰,说明苯甲酸已经与酚醛环氧树脂发生了开环反应,生成了—OH。此外,改性酚醛环氧树脂与苯甲酸中的苯环上的间位、对位化学位移位置一致,由于邻近基团的偶合作用使得改性酚醛环氧树脂中的苯环上的邻位氢分裂成双峰。此外,苯甲酸和改性酚醛环氧树脂中的连接环氧基和酚氧基的亚甲基、甲基、连接两个苯环的亚甲基桥、环氧基中的亚甲基的氢核磁峰基本一致。

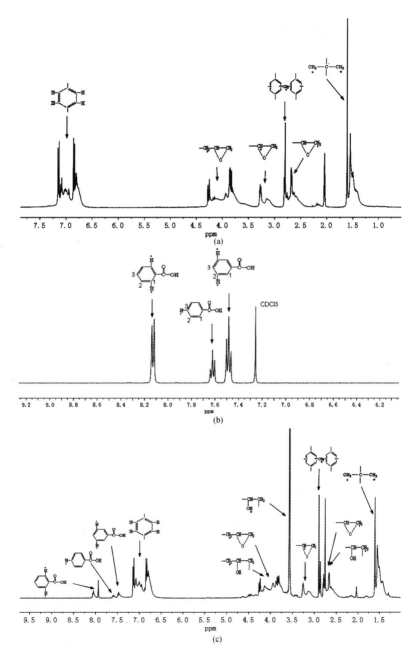

图 2-10　酚醛环氧树脂氢核磁共振对比谱图

(a)苯甲酸；　(b)改性酚醛环氧树脂；　(c)氢核磁共振谱图

2.4.8　酚醛环氧基聚氨酯(EPU)的热重分析

聚合物的热稳定性取决于化学键的内聚能、聚合物内的交联密度、聚合物的热传导性,三者的综合性能决定了聚合物的热稳定性。聚合物的热降解主要是从最弱键能的化学键开始断裂,即由化学键的内聚能决定的,当聚合物所在环境上升到一定的温度时,或在一定温度下保持一定时间后,聚合物吸收的能量达到或超过了弱键能化学键的能垒时,化学键将发生离解,常见的聚合物中化学键的内聚能[49]排列顺序为:—NH—COO—(36.5 kJ/mol)<C—C 或 C—O(60~70 kJ/mol)<甲基或亚甲基上的氢(100~103 kJ/mol)<苯环上的氢(110~140 kJ/mol)<C—N(174 kJ/mol)<C＝O(170~190 kJ/mol)<Si—O(432 kJ/mol)。为此,在酚醛环氧基聚氨酯中首先分解的是弱键—NH—COO—,其分解温度[50]在 240℃左右,随着温度的上升或化学键离解程度的加强,交联密度大大下降,热传导速率将增大,到一定程度时聚合物将发生最大降解,此时降解速率最大。继续升高温度,聚合物离解到一定程度时,会离解成很多的小分子,小分子挥发或继续分解成残炭灰分。

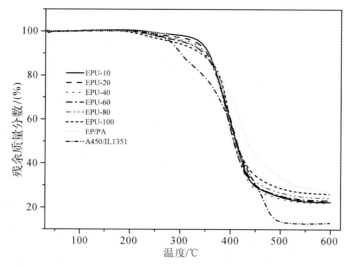

图 2-11　EP/PA,A450/IL1351 和不同开环率的酚醛环氧基聚氨酯的热重曲线图

为考察酚醛环氧基聚氨酯的耐热性,对比了酚醛环氧基聚氨酯复合树脂与传统的丙烯酸基聚氨酯和酚醛环氧树脂固化产物的热降解性。图 2-11 为不同开环率的酚醛环氧基聚氨酯复合树脂(EPU)、酚醛环氧树脂与邻苯二甲

酸酐固化产物(EP/PA)和丙烯酸基聚氨酯(A450/IL1351)的热重曲线对比图。改性酚醛环氧树脂与固化剂的配比见表 2－3。酚醛环氧树脂与固化剂邻苯二甲酸酐(EP/PA)的质量比例是 1：0.6,羟基丙烯酸树脂 A450 与固化剂 TDI 三聚体 IL1351 的质量比例是 1：0.37。各种固化产物的热降解特征温度见表 2－4。通过比较传统的丙烯酸基聚氨酯和酚醛环氧树脂固化产物的热降解性,显然可见,EP/PA 的所有特征温度比 A450/IL1351 要高,尤其在 400～600℃,前者比后者的热稳定性高,而且前者在 600℃时的剩余质量远比后者大,表明酚醛环氧树脂的热稳定性远优于传统的丙烯酸基聚氨酯,说明具有较好热稳定性的酚醛环氧树脂引入到酚醛环氧基聚氨酯体系中能提高其热稳定性。

表 2－3　改性酚醛环氧树脂与固化剂的配比

曲　线	样品名称	MEP/IL1351/PA 质量比例
a	EPU－10	1/0.14/0.24
b	EPU－20	1/0.27/0.19
c	EPU－40	1/0.49/0.12
d	EPU－60	1/0.67/0.07
e	EPU－80	1/0.82/0.03
f	EPU－100	1/0.95/0.00

表 2－4　各种固化产物热降解的特征温度

样品名称	MEP 含量	$T_{起始}$/℃	$T_{中间}$/℃	T_5/℃	T_{10}/℃	T_{70}/℃	剩余质量 600℃/(%)
EP/PA	—	353	407	312	341	533	27.40%
A450/IL1351	—	322	400	283	303	453	12.86%
EPU－100	42%	360	395	300	344	491	26.18%
EPU－80	47%	357	394	312	348	469	24.32%
EPU－60	52%	351	392	315	348	453	23.14%
EPU－40	59%	350	393	325	351	451	22.64%
EPU－20	67%	350	397	330	352	450	22.55%
EPU－10	72%	350	391	340	356	445	22.41%

进一步研究环氧基聚氨酯的热稳定性,表 2-4 结果显示所有 EPU 的 $T_{起始}$ 大于 350℃,$T_{中间}$ 大于 390℃,T_5 大于 300℃,T_{10} 大于 340℃,T_{70} 大于 440℃。且 $T_{起始}$ 比 A450/IL1351 高 30℃,T_5 和 T_{10} 也比 EP/PA 和 A450/IL1351 高。热降解特征温度 T_5 顺序为 EPU-10＞EPU-20＞EPU-40＞EPU-60＞EPU-80＞EP/PA＞EPU-100＞A450/IL1351。同样,热降解特征温度 T_{10} 顺序为 EPU-10＞EPU-20＞EPU-40＞EPU-60＞EPU-80＞EPU-100＞EP/PA＞A450/IL1351。结果进一步表明引入具有高含量苯环的改性酚醛环氧树脂到环氧聚氨酯体系中可以提高其热稳定性,其原因如前所述,苯环的内聚能较大,远大于氨酯键、碳碳单键和甲基等基团的内聚能,随着 MEP 含量的增大,酚醛环氧基聚氨酯的耐热性增强。

2.4.9　不同 MEP 的含量对涂膜性能的影响

1. 不同 MEP 的含量对 EPU 表面硬度的影响

表 2-5 为酚醛环氧基聚氨酯(EPU)涂膜性能测试结果,由表 2-5 可知,所有 EPU 聚氨酯具有良好的铅笔硬度,硬度达 3 H 以上,MEP 含量为 42%～52% 时,EPU 聚氨酯的铅笔硬度为 3 H,随着 MEP 含量的增大,当 MEP 含量分别为 59%,67%,72% 时,EPU 聚氨酯树脂的铅笔硬度分别为 4 H,5 H,6 H。其原因为酚醛环氧树脂含有的刚性链段增多,当量达到一定程度时,致使 EPU 树脂的表面硬度快速增加。

2. 不同 MEP 的含量对 EPU 附着力的影响

由表 2-5 可知,当 MEP 含量为 42%～47% 时,EPU 聚氨酯树脂的附着力为 3 级,当 MEP 含量为 52% 时,EPU 聚氨酯树脂的附着力为 2 级,当 MEP 的含量达到 59%～72% 时,EPU 聚氨酯的附着力达到 1 级以上。随着 MEP 含量的增大,EPU 聚氨酯的附着力得到提高,其原因为酚醛环氧树脂含有多官能度,使得酚醛环氧树脂本身具有良好的附着力,比一般丙烯酸树脂或聚氨酯树脂要强,因此 MEP 含量增大,EPU 聚氨酯的附着力会增强。

3. 不同 MEP 的含量对 EPU 柔韧性的影响

由表 2-5 可知,当 MEP 含量为 42%～52% 时,EPU 树脂的柔韧性等级为 3 mm,随着 MEP 含量的继续增加,EPU 的柔韧性会显著下降,当 MEP 含量分别为 59%,67%,72% 时,EPU 聚氨酯树脂的柔韧性等级分别为 6 mm,8 mm,10 mm。其原因是酚醛环氧树脂具有刚性,本身较脆,随着 MEP 含量增加到一定程度时,EPU 的柔韧性会显著下降。

4. 不同 MEP 的含量对 EPU 耐冲击性的影响

由表 2－5 可知，随着 MEP 含量的增加，EPU 聚氨酯的耐冲击性下降，当 MEP 含量为 42％，47％，52％，59％，67％，72％时，EPU 聚氨酯树脂的耐冲击性等级分别为 4.61 J(47 cm)，3.92 J(40 cm)，3.33 J(34 cm)，2.45 J(25 cm)，1.76 J(18 cm)，0.98 J(10 cm)。其原因是 MEP 具有刚性，本身较脆，当膜受冲击时，膜容易产生开裂。

5. 不同 MEP 的含量对 EPU 耐水性的影响

由表 2－5 可知，当 MEP 含量为 42％时，EPU 聚氨酯涂膜耐水性为 24 h 无起泡、泛白、脱落等现象。当 MEP 含量为 72％时，EPU 聚氨酯涂膜耐水性达 72 h 以上。随着 MEP 含量的增加，EPU 聚氨酯的耐水性显著提高。其原因是随着聚氨酯体系中的 MEP 含量增大，易水解的酯基基团相对减少。

6. 不同 MEP 的含量对 EPU 耐酸碱性的影响

由表 2－5 可知，当 MEP 含量为 42％时，EPU 聚氨酯涂膜耐酸碱性为 24 h 无起泡、溶胀、脱落等现象。当 MEP 含量为 72％时，EPU 聚氨酯涂膜耐水性达 56 h 以上。其原因是随着聚氨酯中的 MEP 含量增大，含有更少的易水解的酯基基团，以及酚醛环氧树脂的弱极性抵抗了极性溶剂的溶胀，致使 EPU 的耐酸碱性增强。

表 2－5　酚醛环氧基聚氨酯涂膜性能测试

树脂样品	MEP 含量	铅笔硬度(H)	附着力(等级)	柔韧性 mm	耐冲击性 J	耐水性	耐酸性	耐碱性
EPU－100	42％	3	3	3	4.61(47 cm)	24 h 无变化	24 h 无变化	24 h 无变化
EPU－80	47％	3	3	3	3.92(40 cm)	48 h 无变化	48 h 无变化	48 h 无变化
EPU－60	52％	3	2	3	3.33(34 cm)	56 h 无变化	48 h 无变化	48 h 无变化
EPU－40	59％	4	1	6	2.45(25 cm)	56 h 无变化	48 h 无变化	48 h 无变化
EPU－20	67％	5	1	8	1.76(18 cm)	64 h 无变化	56 h 无变化	56 h 无变化
EPU－10	72％	6	1	10	0.98((10 cm)	72 h 无变化	56 h 无变化	56 h 无变化

2.5　本章小结

(1)通过苯甲酸对酚醛环氧树脂改性，并控制不同的环氧基的开环率制备得到了不同羟基含量的改性酚醛环氧树脂，并探讨了各因数对反应体系酸值和转化率的影响。通过优化合成反应的工艺,最终确定工艺为当 $n_{环氧}$ ： $n_{苯甲酸}$ ＝1：0.6,反应温度为 90℃,催化剂用量为 1%(质量分数),反应时间为 5 h,体系酸值在 5 mgKOH/g 以下,转化率达到 98% 以上。

(2)通过红外和核磁表征了反应物和产物的结构特征。随着开环率的增大,红外光谱图中出现的新的—OH 伸缩振动,吸收峰强度随之增大,且环氧基的特征峰强度相应减弱,以及改性酚醛环氧树脂(MEP)的核磁谱图中出现了—OH 特征峰,证实了苯甲酸已经与酚醛环氧树脂发生了开环反应生成了 MEP。

(3)通过对比分析酚醛环氧基聚氨酯复合树脂与传统的丙烯酸基聚氨酯和酚醛环氧树脂固化产物的热降解性。研究结果表明酚醛环氧树脂的热稳定性远优于传统的丙烯酸基聚氨酯,引入酚醛环氧树脂至酚醛环氧基聚氨酯体系中能提高其热稳定性,其原因为酚醛环氧树脂中苯环的内聚能较大,远大于氨酯键、碳碳单键和甲基等,随着 MEP 含量的增大,EPU 的耐热性增强。且环氧基聚氨酯(EPU)的热稳定性结果表明:所有 EPU 的 $T_{起始}$ 大于 350℃,$T_{中间}$ 大于 390℃,T_5 大于 300℃,T_{10} 大于 340℃,T_{70} 大于 440℃,$T_{起始}$ 比 A450/IL1351 高 30℃,T_5 和 T_{10} 也比 EP/PA 和 A450/IL1351 高。热降解特征温度 T_5 的顺序为 EPU－10＞EPU－20＞EPU－40＞EPU－60＞EPU－80＞EP/PA＞EPU－100＞A450/IL1351。同样,热降解特征温度 T_{10} 顺序为 EPU－10＞EPU－20＞EPU－40＞EPU－60＞EPU－80＞EPU－100＞EP/PA＞A450/IL1351。

(4)考察了引入不同含量的 MEP 至 EPU 聚氨酯体系对其表面硬度、柔韧性、抗冲击性、附着力、耐水性和耐酸碱性等性能的影响。研究结果表明:随着 MEP 含量的增加,EPU 树脂的表面硬度、附着力、耐水性、耐酸性、耐碱性有所增强,铅笔硬度达 3 H 以上,附着力达到 3 级以上,耐水性和耐酸碱性达 24 h 以上,但随着 MEP 含量的增加,却会使柔韧性和耐冲击性有所下降。综合考虑,酚醛环氧树脂含量为 59%(开环率为 40%)的 EPU 的综合性能较为优异,$T_{起始}$ 为 350℃,T_5 为 325℃,T_{10} 为 351℃,600℃ 时残炭量为 22.64%,表面硬度为 4 H,附着力为 1 级,耐水性 56 h 无变化,耐酸碱性 48 h 无变化,但其柔韧性和耐冲击性欠佳,分别为 6 mm,2.45 J。

参 考 文 献

[1] 刘运学,王扬松,范兆荣,等. 耐热聚氨酯弹性体的制备及性能研究[J]. 化工新型材料,2007,35(12):18－24.

[2] 莫健华，罗华. 浇注型耐热聚氨酯树脂材料的热性能和力学性能[J]. 化工学报，2005，56(7)：1368－1371.

[3] Czech Z，Pełech R. Thermal decomposition of polyurethane pressure-sensitive adhesives dispersions [J]. Progress in Organic Coatings，2010，67：72－75.

[4] Wang L F，Ji Q，Glass T E，et al. Synthesis and characterization of organosiloxane modified segmented polyether polyurethanes ［J］. Polymer，2000，41(13)：5083－5093.

[5] Lu Q S，Sun L H，Yang Z G，et al. Optimization on the thermal and tensile influencing factors of polyurethane-based polyester fabric composites ［J］. Composites Part A：Applied Science and Manufacturing，2010，41(8)：997－1005.

[6] 张俊生，全一武，陈庆民. 聚硫聚氨酯(脲)的热稳定性[J]. 高分子材料科学与工程，2008，24(1)：113－116.

[7] Guignot C，Betz N，Legendre B，et al. Degradation of segmented poly（etherurethane）Tecoflex'' induced by electron beam irradiation：Characterization and evaluation [J]. Nuclear Instruments and Methods in Physics Research section B，2001，185 (1－4)：100－107.

[8] Chattopadhyay1 D K，Webster D C. Thermal stability and flame retardancy of polyurethanes [J]. Progress in Polymer Science，2009，34：1068－1133.

[9] Petrovic Z S，Zavargo Z，Flynn J H，et al. Thermal degradation of segmented polyurethanes ［J］. Journal of Applied Polymer Science，1994，51(6)：1087－1095.

[10] Pielichowski K，Pielichowski J，Altenburg H，et al. Thermal degradation of polyurethanes based on MDI：characteristic relationships between the decomposition parameters [J]. Thermochim Acta，1996，284：419－28.

[11] Ferguson J，Petrovic Z. Thermal stability of segmented polyurethanes [J]. European Polymer Journal，1976，12(3)：177－181.

[12] Lee H K，Ko S W. Structure and thermal properties of polyether polyurethaneurea elastomers [J]. Journal of Applied Polymer Science，

1993，50(7)：1269 - 1280.

[13] Chuang F S. Analysis of thermal degradation of diacetylenecontaining polyurethane copolymers [J]. Polymer Degradation and Stability, 2007，92(7)：1393 - 1407.

[14] Gupta T，Adhikari B. Thermal degradation and stability of HTPB-based polyurethane and polyurethaneureas [J]. Thermochimica Acta, 2003，402(1 - 2)：169 - 181.

[15] Matuszak M L，Frisch K C. Thermal degradation of linear polyurethanes and model biscarbamates [J]. Journal of Polymer Science：Polymer Chemistry Edition，1973，11(3)：637 - 648.

[16] Mathur G，Kresta J E，Frisch K C，et al. Stabilization of polyether-urethanes and polyether (urethane-urea) block copolymers [J]. Advances in urethane science and technology. Westport：Technomic Publication，1978, 6：103 - 172.

[17] Darren J M，Laura A P W，Pathiraja A G.，et al. Polydimethylsiloxane/ polyether-mixed macrodiol-based polyurethane elastomers：biostability [J]. Biomaterials，2000，21(10)：1021 - 1029.

[18] Izquierdo Izquierdo M A，Navarro F J，Martínez-Boza F J. Bituminous polyurethane foams for building applications：Influence of bitumen hardness [J]. Construction and Building Materials，2012，30：706 -713.

[19] Jin J F，Che Y L，Wang N D，et al. Structures and physical properties of rigid polyurethane foam prepared with rosin-based polyol [J]. Journal of Applied Polymer Science，2002，84：598 - 604.

[20] Fenouillot F，Méchin F，Boisson F. Coarsening of nanodomains by reorganization of polysiloxane segments at high temperature in polyurethane/α，ω-aminopropyl polydimethylsiloxane blends [J]. European Polymer Journal，2012，48(2)：284 - 295.

[21] Dominguez-Rosado E，Liggat J J，Snape C E，et al. Thermal degradation of urethane modified polyisocyanurate foams based on aliphatic and aromatic polyester polyol [J]. Polymer Degradation and Stability，2002，78(1)：1 - 5.

[22] Liu Y F，Zhang C，Du Z J，et al. Preparation and curing kinetics of bisphenol-A-type novolac epoxy resins [J]. Journal of Applied Polymer Science，2006，99:858 – 868.

[23] 陈湘,蒋钧荣,陈建湘,等. 双酚 A 型线性酚醛树脂的合成[J]. 热固性树脂,1999,3:10 – 13.

[24] Ho T H，Wang C S . Synthesis of aralkyl novolac epoxy resins and their modification with polysiloxane thermoplastic polyurethane for semiconductor encapsulation [J]. Journal of Applied Polymer Science，1999，74: 1905 – 1916.

[25] Lee M C，Ho T H，Wang C S. Synthesis of tetrafuctional epoxy resins and their modification with polydimethylsiloxane for electronic application [J]. Journal of Applied Polymer Science，1996，62: 217 –225.

[26] Kaji M，Nakahara K，Ogami K，et al. Synthesis of a novel epoxy resin containing diphenylether moiety and thermal properties of its cured polymer with phenol novlac [J]. Journal of Applied Polymer Science A，1999，37:3687 – 3693.

[27] Rutnakornpituk M. Modification of epoxy-novolac resins with polysiloxane containing nitrile functional groups: synthesis and characterization [J]. European Polymer Journal，2005，41（5）: 1043 –1052.

[28] Guo B C，Jia D M，Fu W W，et al. Hygrothermal stability of dicyanate-novolac epoxy resin blends [J]. Polymer Degradation and Stability，2003，79:521 – 528.

[29] Atta A M，Abdou M I，Elsayed A A A. New bisphenol novolac epoxy resins for marine primer steel coating applications [J]. Progress in Organic Coatings，2008，63:372 – 376.

[30] Li S S，Qi S H，Liu N L，et al. Study on thermal conductive BN/novolac resin composites[J]. Thermochimica Acta，2011，523(1 – 2): 111 – 115.

[31] Prabu A A，Alagar M. Mechanical and thermal studies of intercross-linked networks based on siliconized polyurethane-epoxy/unsaturated

polyester coatings [J]. Progress in Organic Coatings, 2004, 49, (3):
236 – 243.

[32] Yeganeh H, Lakouraj M M, Jamshidi S. Synthesis and properties of biodegradable elastomeric epoxy modified polyurethanes based on poly (ε – caprolactone) and poly(ethylene glycol) [J]. European Polymer Journal, 2005, 41(10):2370 – 2379.

[33] Ahmad S, Ashraf S M, Sharmin E, et al. Studies on ambient cured polyurethane modified epoxy coatings synthesized from a sustainable resource [J]. Progress in Crystal Growth and Characterization of Materials, 2002, 45(1 – 2):83 – 88.

[34] Rosu L, Cascaval C N, Ciobanu C, et al. Effect of UV radiation on the semi-interpenetrating polymer networks based on polyurethane and epoxy maleate of bisphenol A [J]. Journal of Photochemistry and Photobiology A: Chemistry, 2005, 169(2): 177 – 185.

[35] Zubielewicz M, Królikowska A. The influence of ageing of epoxy coatings on adhesion of polyurethane topcoats and protective properties of coating systems [J]. Progress in Organic Coatings, 2009, 66(2): 129 – 136.

[36] ASTM D1652 – 04, Standard Test Method for Epoxy Content of Epoxy Resins [S]. Washington, DC: U. S. Government Printing Office Superintendent of Documents, 2004.

[37] GB/T 264—83, 石油产品酸值测定法[S]. 中国:国家标准局, 1991.

[38] GB/T 6739, 涂膜硬度铅笔测定法[S]. 中国:国家标准局, 1996.

[39] GB/T 9286, 色漆和清漆 漆膜的划格实验 [S]. 中国:国家标准局, 1998.

[40] GB/T 6742,漆膜柔韧性测定法[S]. 中国:国家标准局, 1993.

[41] GB/T 1732,漆膜耐冲击性测定法[S]. 中国:国家标准局, 1993.

[42] GB/T 1733, 漆膜耐水性测定法[S]. 中国:国家标准局, 1993.

[43] GB/T 9274, 色漆和清漆 耐液体介质的测定[S]. 中国:国家标准局, 1988.

[44] 李桂林. 环氧树脂与环氧涂料[M]. 北京：化学工业出版社, 2003: 136 –137.

[45]　Awasthi S，Agarwal D. Influence of cycloaliphatic compounds on the properties of polyurethane coatings［J］. J. Coat. Technol. Res.，2007：4(1)：67－73.

[46]　Crandall E W，Mih W. Chemorheology of Thermosetting Polymers ［M］. American Chemical Society：Division of Organic Coatings and Plastics Chemistry，1983，Chapter 7，113－119.

[47]　Blank W J，He Z A，Picci M. Catalysis of the epoxy-carboxyl reaction ［J］. Journal of Coatings Technology and Research，2002，74：33－41.

[48]　Hamedani G H，Ebrahimi M，Ghaffarian S R. Synthesis and Kinetics Study of Vinyl Ester Resin in the Presence of Triethylamine ［J］. Iranian Polymer Journal，2006，15(11)，871－878.

[49]　詹姆斯 G. 斯佩特. 化学工程师实用数据手册 Perry's 标准图表及公式 ［M］.陈晓春,孙巍,译. 北京：化学工业出版社，2005.

[50]　Lin J，Yang Q Z，Wen X F，et al. Synthesis，characterization，and thermal stability studies of bisphenol-A type novolac epoxy-polyurethane coating systems for in-mould decoration ink applications. Journal of polymer research，2011,18:1667－1677.

第 3 章　耐热性环氧丙烯酸基聚氨酯 (EPUA)的制备与表征

3.1　引　　言

　　为提高聚氨酯树脂的耐热性和表面硬度,在第 2 章中引入了高耐热性和表面硬度的酚醛环氧树脂合成得到了酚醛环氧基聚氨酯,其耐热性和表面硬度随着酚醛环氧树脂含量的增大而得到提高。但因其酚醛环氧树脂中含有较多的刚性苯环基团,酚醛环氧基聚氨酯的柔韧性和耐冲击性能会下降,当酚醛环氧树脂的含量增大至 59%(开环率为 40%)时,尽管其耐热性(T_5 为 325℃,T_{10} 为 351℃,600℃时残炭量为 22.64%)、表面硬度(4 H)、附着力(1 级)、耐水性(56 h 无变化)、耐酸碱性(48 h 无变化)较为优异。但涂膜较脆,其柔韧性和耐冲击性欠佳,分别为 6 mm,2.45 J。由于 IMD 油墨用树脂不仅需要具备良好的耐热性、表面硬度和耐溶剂性,而且需要具备一定的柔韧性和耐冲击性能。为此,单独引入酚醛环氧树脂得到的酚醛环氧基聚氨酯在 IMD 油墨中的应用受到了一定的限制。

　　为提高酚醛环氧基聚氨酯的柔韧性和抗冲击能力,将引入一定量的丙烯酸类柔性单体来提高其柔韧性和抗冲击能力。由于丙烯酸丁酯是低玻璃化温度长碳链的软单体($T_g = -54℃$),碳碳链较易旋转,具有良好的柔韧性,且丙烯酸类树脂主链为 C—C 键,其耐水解性、耐酸碱性、耐氧化性优异[1-17]。首先通过丙烯酸(AA)改性酚醛环氧树脂得到含双键的酚醛环氧丙烯酸酯(EA),再以丙烯酸丁酯为软单体,甲基丙烯酸羟乙酯为功能性单体,通过自由基聚合方法得到酚醛环氧丙烯酸酯共聚物(EPAc),并将其作为聚氨酯的 A 组分,固化剂 N3390 作为聚氨酯的 B 组分,固化后得到酚醛环氧丙烯酸基聚氨酯(EPUA)。通过红外、核磁表征 EA 和 EPAc 的分子结构。考察引入不同 EA 添加量对聚氨酯体系耐热性的影响,以及不同 EA 添加量对 EPUA 断面微观形貌的影响。且为后续章节通过原位聚合法引入耐热性的无机粒子(改性纳米 SiO_2 和改性石墨烯)制备 $EPUA/SiO_2$ 和 EPUA/RMGEO 有机无机杂化树脂,并研究其对耐热性和涂膜性能等影响做好前期的实验准备工作。

3.2　实　验　部　分

3.2.1　实验原料及仪器

实验中所用到的原料及主要仪器见表3－1。

表 3－1　主要实验原料及仪器规格

原料及仪器	规　格	厂　商
酚醛环氧树脂 CYDBN240	环氧值 0.57	湖南省岳阳市巴陵佳云石化
丙烯酸	分析纯(AR)	汕头市光华化学厂
催化剂四丁基溴化铵	固体	广州利邦化工有限公司
苯乙烯(St)	化学纯(CP)	上海凌峰化学试剂有限公司
丙烯酸丁酯(BA)	分析纯(AR)	成都市科龙化工试剂厂
甲基丙烯酸羟乙酯(HEMA)	分析纯(AR)	上海聚瑞实业有限公司
偶氮二异丁腈(AIBN)	分析纯(AR)	天津市科密欧化学试剂厂
固化剂 N3390	NCO%(19.6%)	拜耳德士模都
邻苯二甲酸酐	固体	国药集团试剂厂
1,4 二氧六环	分析纯	天津市化学试剂一厂
N,N-二甲基甲酰胺	分析纯	科特精细化工有限公司
恒温水浴锅	HH-2 型数显	金坛市富华仪器有限公司
电动搅拌机	TB-90-D	上海标本模型厂

3.2.2　酚醛环氧丙烯酸酯(EA)的制备

先称取一定量的酚醛环氧树脂(EP)和二氧六环溶剂于 4 口烧瓶中,加热到 80℃溶解,再称取一定量的四丁基溴化铵催化剂溶于一定量的二氧六环中,阻聚剂对苯二酚和丙烯酸(AA)溶于一定量的二氧六环中。结合第 2 章的实验原理和工艺优化结果[18-20],丙烯酸与环氧基的摩尔比取 0.25∶1,将丙烯酸混合液和催化剂混合液并流缓慢滴加到 4 口烧瓶中,反应温度为 90℃,滴加时间为 1 h,滴加完后再反应 4 h,酚醛环氧丙烯酸酯(EA)的合成路线如图 3-1 所示。

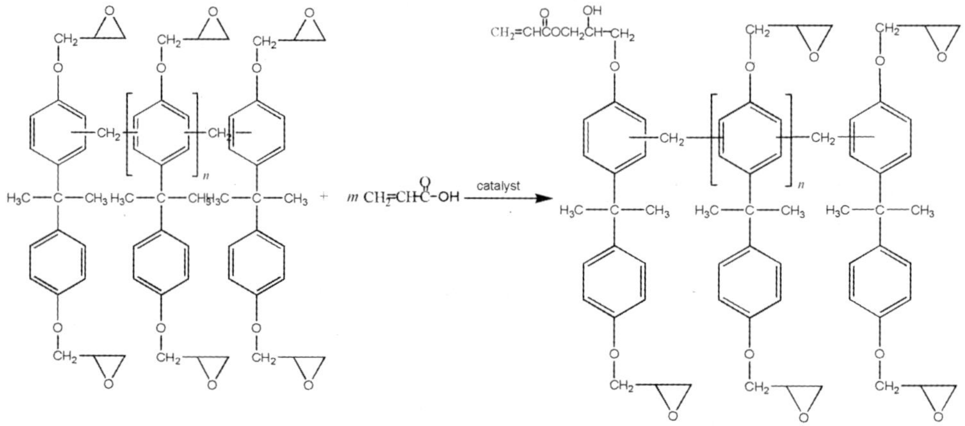

图 3-1　酚醛环氧丙烯酸酯的合成路线图

3.2.3　酚醛环氧丙烯酸酯共聚物(EPAc)的制备

在装有温度计、回流冷凝管、搅拌和滴加装置的 4 口烧瓶中加入一定量的溶剂 N,N-二甲基甲酰胺和丁酮,并升温至 80℃。取一定量的 N,N-二甲基甲酰胺溶解 3.92%(质量分数)偶氮二异丁腈引发剂,然后与苯乙烯、丙烯酸丁酯、甲基丙烯酸羟乙酯等丙烯酸类单体混合均一,一定量的 N,N-二甲基甲酰胺和丁酮用于溶解 EA(EA 量分别为单体总量的 0%,5%,10%,15%(质量分数)),两混合液并流缓慢滴加至 4 口烧瓶内,再反应 3 h 后补加 0.08%(质量分数)的引发剂,反应温度设定在 80~85℃。单体滴加时间为 1.5 h,滴加完后再反应 5.5 h,待自由基溶液聚合反应完全后得到酚醛环氧丙烯酸酯共聚物溶液(EPAc),酚醛环氧丙烯酸酯共聚物的合成路线如图 3-2 所示。

3.2.4　酚醛环氧丙烯酸基聚氨酯(EPUA)的制备

将以上制备得到的 EPAc 与固化剂多异氰酸酯三聚体混合后,在 80℃ 烘箱内进行 2 h 固化反应,EPAc 与固化剂多异氰酸酯三聚体 N3390 按照 NCO:OH=1.2:1 计量比进行固化得到酚醛环氧丙烯酸基聚氨酯(EPUA),成膜原理为 EPAc 中的—OH 基团与多异氰酸酯三聚体的—NCO 基团反应生成氨酯键—NH—C=O—,其氮原子上的活泼氢还会与过量的—NCO 基团反应生成脲基甲酸酯键,形成化学交联(见图 3-3)。另一方面,硬链段通过氢键的作用形成牢固的凝聚相,起到交联点的作用,形成凝聚相交联(见图 3 - 4)[21-24]。

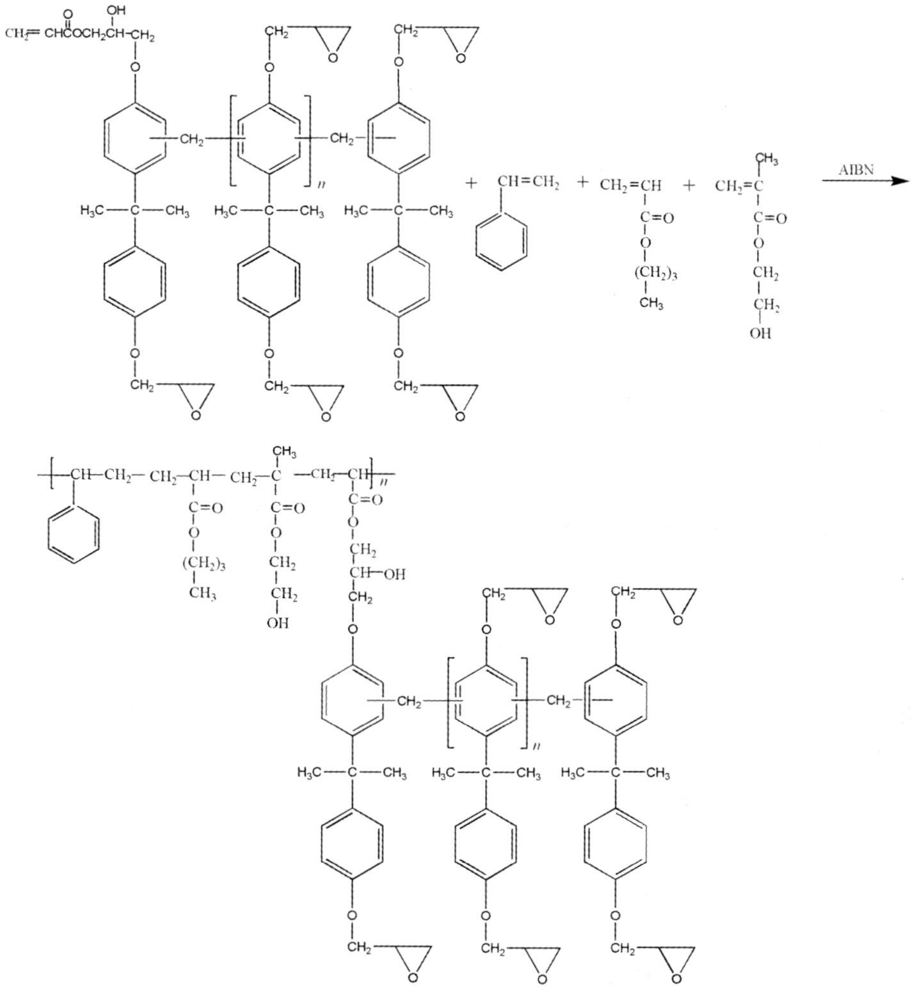

图 3 - 2 酚醛环氧丙烯酸酯共聚物的合成路线图

图 3 - 3 聚氨酯形成的化学交联示意图

图 3 - 4 聚氨酯形成的凝聚相交联示意图

3.3　测试与表征

3.3.1　傅立叶红外(FTIR)测试

红外光谱能够有效提供物质分子结构及成分等方面信息,本书采用傅里叶变换红外光谱分析仪(德国 Bruker—Vector 33),分别对原料 EP 和 AA、中间产物 EA 和产物 EPAc 进行对比分析。固体样品通过研磨后取微量样品与溴化钾混合压片后进行测试,液体样品滴在溴化钾片上,然后放入红外干燥器干燥 0.5 h 后进行测试。

3.3.2　氢核磁(^{1}H NMR)测试

参阅第 2 章 2.3.4。

3.3.3　热失重(TGA)测试

参阅第 2 章 2.3.5。

3.3.4　扫描电镜(SEM)测试

将 EPUA 树脂通过液氮脆断后,将断面正放在测试台上,用离子溅射器对其进行表面喷金处理,然后用荷兰飞利浦公司的 FEI XL－30 ESEM 扫描电镜观察不同 EA 添加量对 EPU 聚氨酯材料断面的微观形貌的影响。

3.4　结果与讨论

3.4.1　酚醛环氧丙烯酸酯(EA)的红外分析

EP,AA,EA 的红外光谱图见图 3－5,由图 3－5 可知:酚醛环氧丙烯酸酯(EA)红外光谱在 920 cm^{-1} 处的环氧基峰相对于酚醛环氧树脂(EP)红外光谱中的环氧基峰明显减弱,说明丙烯酸已与 EP 中的部分环氧基团发生了开环酯化反应生成了 EA,使得 EA 中的环氧基峰减弱,且生成的—OH 基团形成的吸收峰在 3 471 cm^{-1} 处明显增强。1 626 cm^{-1} 处为丙烯酸中的 C＝C 不饱和键和苯环骨架振动的吸收峰,EA 在该处的吸收峰相对于 EP 明显增强,说明丙烯酸成功接枝到酚醛环氧树脂中,使得 C＝C 吸收峰增强,且 EA 在 1 732 cm^{-1}

处生成了新的羰基 C═O 尖峰非常明显,再次证明了丙烯酸成功接枝到酚醛环氧树脂中,EP 和 EA 中在 2 800~3 000 cm⁻¹ 处为苯环的 C—H 伸缩振动吸收峰,1 600 cm⁻¹ 和 1 450 cm⁻¹ 附近为苯环骨架振动吸收峰[25-28]。

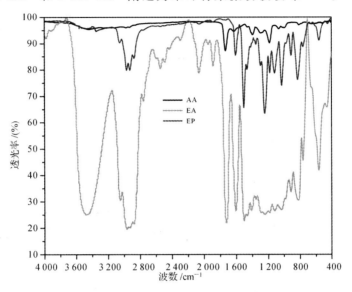

图 3 - 5　EP,AA,EA 的红外光谱图

3.4.2　不同 EA 含量的 EPAc 红外分析

图 3 - 6 中曲线 a,b,c,d 分别为 0%,5%,10%,15%(质量分数)EA 含量的酚醛环氧丙烯酸酯共聚物的红外谱图。由图 3 - 6 可知:在 3 507 cm⁻¹ 处为—OH 的特征吸收峰,来源于 EA 和单体 HEMA 中的—OH。3 027 cm⁻¹ 和 3 067 cm⁻¹ 为酚醛环氧树脂和苯乙烯中的苯环的 C—H 伸缩振动峰。2 927 cm⁻¹ 和 2 863 cm⁻¹ 分别为—CH₃ 和—CH₂ 的非对称伸缩或对称伸缩振动峰。1 726 cm⁻¹ 吸收峰为 EA 和 HEMA 中的羰基的特征峰。1 168 cm⁻¹ 处归属于醚键 C—O—C 对称伸缩振动的吸收峰。1 598 cm⁻¹,1 495 cm⁻¹,1 379 cm⁻¹ 处为苯环 C═C 骨架振动峰。1 453 cm⁻¹ 处为—CH₃ 非对称弯曲或—CH₂ 剪式弯曲吸收峰。910 cm⁻¹ 和 841 cm⁻¹ 为环氧基团的特征峰。700 cm⁻¹ 和 758 cm⁻¹ 处为—(CH₂)ₙ-的弯曲振动双峰。随着 EPAc 中 EA 含量的增大,OH 基团、苯环、酯基等含量相应增多,在 3 507 cm⁻¹,3 027 cm⁻¹,3 067 cm⁻¹,1 726 cm⁻¹ 等处的吸收峰都增强[30]。

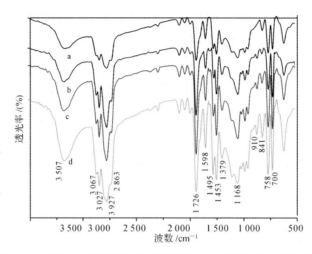

图 3-6　不同 EA 含量的酚醛环氧丙烯酸酯共聚物的红外光谱图

3.4.3　酚醛环氧丙烯酸酯(EA)的核磁分析

采用氢核磁表征反应物和产物的分子结构。图 3-7、图 3-8 和图 3-9 分别为酚醛环氧树脂、丙烯酸、25％开环的 EA 的氢核磁共振谱图。由反应物酚醛环氧树脂的氢核磁图 3-7 中可知:在化学位移 1.413～1.614ppm,2.572～2.698ppm,2.748～2.817ppm,3.098～3.292ppm,3.792～4.281ppm 和 6.782～7.154ppm 处的峰分别归属于甲基、环氧基中的亚甲基、连接两个苯环的亚甲基桥、环氧基中的次甲基、连接环氧基和酚氧基的亚甲基和苯环上的氢。由反应物丙烯酸的氢核磁图 3-8 中可知:在 5.872ppm,6.087ppm,6.258ppm 处分别为 a,b,c 处氢的化学位移,在 12.468ppm 处的—COOH 中氢的特征吸收峰的化学位移。通过对比产物酚醛环氧丙烯酸酯与酚醛环氧树脂、丙烯酸的氢核磁图得知:在图 3-9 中 3.576ppm 处为丙烯酸中的—COOH 与酚醛环氧树脂中的环氧基发生开环反应生成的—OH特征峰的化学位移,且在5.949ppm,6.200ppm,6.334ppm 处分别为酚醛环氧丙烯酸酯中的 g,h,i 处氢的化学位移。此外,酚醛环氧丙烯酸酯和酚醛环氧树脂中的连接环氧基和酚氧基的亚甲基、甲基、连接两个苯环的亚甲基桥、环氧基中的亚甲基的氢核磁峰基本一致。通过以上氢核磁对比分析说明了丙烯酸已成功与酚醛环氧树脂发生了开环酯化反应,在产物酚醛环氧丙烯酸酯中引入了具有反应性的 C＝C双键。

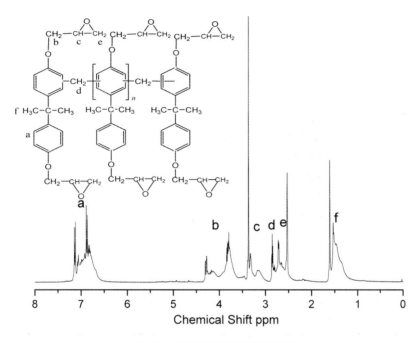

图 3 - 7　酚醛环氧树脂的氢核磁图

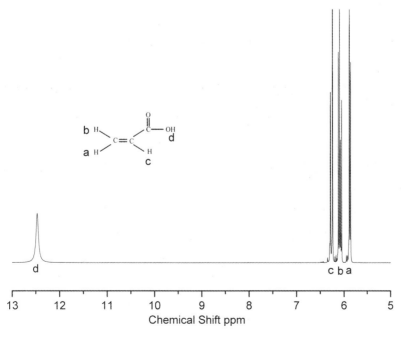

图 3 - 8　丙烯酸的氢核磁图

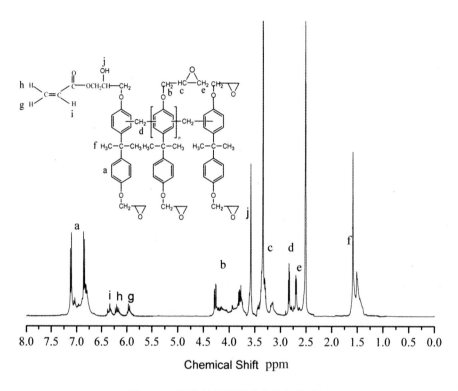

图 3-9　酚醛环氧丙烯酸酯的氢核磁图

3.4.4　不同 EA 添加量的环氧丙烯酸基聚氨酯(EPUA)微观形貌分析

　　不同 EA 含量对环氧丙烯酸基聚氨酯内部结构的影响通过材料冲击断面的扫描电子显微镜进行分析。如图 3-10 所示,0％EA 的丙烯酸基聚氨酯的冲击断面呈现较多的微裂纹,较少的大裂纹,说明其为韧性断裂。而添加了 EA 的环氧丙烯酸基聚氨酯的冲击断面呈现较多的大裂纹,较少的微裂纹,且随着 EA 添加量的增多,大裂纹密度增大,因此增加了其脆性。从环氧丙烯酸基聚氨酯的化学结构上来分析其形态结构的差异,其软段是由丙烯酸类单体共聚物链段组成的,硬段是由酚醛环氧树脂和 HEMA 单体中的—OH 与固化剂形成的氨基甲酸酯基或脲基链段,且硬度之间有较强的氢键作用。由于软段非常柔顺,呈无规卷曲状,处于高弹态,而硬段则伸展成棒状或链状,处于玻璃态或结晶态,聚氨酯软段与硬段之间热力学的不相容性,在固化过程中,硬链段容易聚集在一起,产生许多微区分布于软段相中形成了微相分离。为此,添加更多的 EA 促使环氧丙烯酸基聚氨酯的微相分离程度增大,使得冲击断面呈现更多的大裂纹,脆性增加。但是,研究发现增加聚氨酯的微相分离的程度可以提高聚氨酯的耐热性[31]。为此,为平衡其耐热性和韧性的要求,优先选择 5%～10%EA 的添加量。

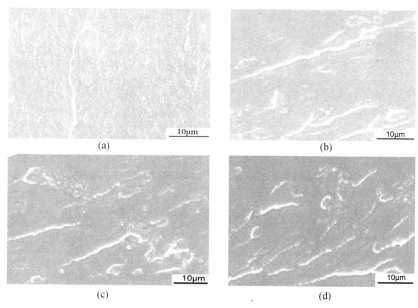

图 3 - 10　不同 EA 含量的 EPUA 的断面 SEM 图
(a)0%EA；　(b)5%EA；　(c)10%EA；　(d)15%EA

3.4.5　不同 EA 添加量对环氧丙烯酸基聚氨酯(EPUA)耐热性能的影响

从不同 EA 添加量的环氧丙烯酸基聚氨酯热失重曲线图 3 - 11 可知,随着 EA 含量的增加,热失重曲线往高温方向偏移显著,从右侧的不同 EA 添加量的环氧丙烯基聚氨酯热失重特征温度对比图可以看出,随着 EA 含量的增加,相应的热失重特征温度和 600℃ 剩余质量明显增加。且从表 3 - 2 得知,当环氧丙烯酸基聚氨酯热失重质量分别为 5%,10%,15% 和 50% 时,添加 5%, 10%,15% 的 EA,相对于纯丙烯酸基聚氨酯而言,EPUA 的 T_5 分别提高了 5℃,17.4℃,27.4℃,T_{10} 分别提高了 7.5℃,20℃,30℃,T_{15} 分别提高了 5.1℃, 20℃,29.9℃,T_{50} 分别提高了 5.2℃,15℃,24.9℃。随着 EA 添加量的增加,环氧丙烯酸基聚氨酯的耐热性增强。其原因是随着 EA 添加量的增加,引入的热稳定性较高的酚醛环氧树脂较多,由酚醛环氧树脂和 HEMA 单体中的—OH 与固化剂形成的氨基甲酸酯基或脲基硬段增多,且硬度链节之间有较强的氢键作用,从而使得环氧丙烯酸基聚氨酯的耐热性能增强。

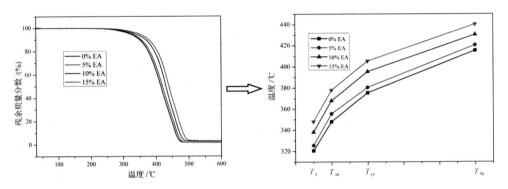

图 3-11　不同 EA 添加量的环氧丙烯酸基聚氨酯热重曲线图

表 3-2　环氧丙烯酸基聚氨酯的热失重特征温度

样品名称	$T_{5a}/℃$	$T_{10b}/℃$	$T_{15c}/℃$	$T_{50d}/℃$	剩余质量 600℃/(%质量分数)
0%EA	320.6	348.0	375.4	415.3	1.58%
5%EA	325.6	355.5	380.5	420.5	1.62%
10%EA	338.0	368.0	395.4	430.3	2.72%
15%EA	348.0	378.0	405.3	440.2	3.05%

3.5　本章小结

(1)采用酚醛环氧树脂(EP)和丙烯酸(AA)为原料,四丁基溴化铵为催化剂,反应温度为 90℃,反应时间为 6 h,得到开环率为 25% 的酚醛环氧丙烯酸酯(EA)。红外光谱研究发现在 EA 中的环氧基峰相对于 EP 明显减弱,并出现了—OH 特征峰和 C═O 峰,且氢核磁谱图中 EA 在 3.576ppm 化学位移处出现了—OH 特征峰,证明了 AA 中的—COOH 与 EP 中的环氧基发生开环反应成功合成了含—OH 基团的 EA,且在 EA 中引入了具有反应性的 C═C 双键。

(2)EA 与苯乙烯、丙烯酸丁酯、甲基丙烯酸羟乙酯等丙烯酸类单体发生自由基溶液聚合生成了带有—OH 基团的环氧丙烯酸酯共聚物(EPAc)。红外研究结果表明:随着 EPAc 中 EA 含量的增大,OH 基团、苯环、酯基等含量相应增多。

(3)将以上得到 EPAc 与固化剂多异氰酸酯三聚体固化后,制备得到酚醛环氧丙烯酸聚氨酯(EPUA),不同 EA 含量对 EPUA 内部结构的影响通过材料冲击断面的扫描电子显微镜进行分析,结果表明:不含 EA 的丙烯酸基聚氨酯的冲击断面呈现较多的微裂纹,较少的大裂纹,其为韧性断裂。添加了 EA 的 EPUA 的冲击断面呈现较多的大裂纹,较少的微裂纹,且随着 EA 添加量的增多,促使 EPUA 的微相分离程度增大,大裂纹密度增大,在一定程度上增加了其脆性。但是,增加聚氨酯的微相分离的程度可以提高聚氨酯的耐热性。TGA 研究结果表明:随着 EA 添加量的增加,引入的热稳定性较高的酚醛环氧树脂越多,由酚醛环氧树脂和 HEMA 单体中的—OH 与固化剂形成的氨基甲酸酯基或脲基硬段增多,且硬度链节之间有较强的氢键作用,从而使得环氧丙烯酸基聚氨酯的耐热性能增强。当 EPUA 的热失重质量分别为 5%,10%,15% 和 50% 时,添加 5%,10%,15%(质量分数)的 EA,相对于纯丙烯酸基聚氨酯而言,EPUA 的 T_5 分别提高了 5℃,17.4℃,27.4℃,T_{10} 分别提高了 7.5℃,20℃,30℃,T_{15} 分别提高了 5.1℃,20℃,29.9℃,T_{50} 分别提高了 5.2℃,15℃,24.9℃。

参 考 文 献

[1] Nowers J R, Narasimhan B. The effect of interpenetrating polymer network formation on polymerization kinetics in an epoxy-acrylate system [J]. Polymer, 2006, 47(4):1108-1118.

[2] Chattopadhyay D K, Panda S S P, Raju K V S N. Thermal and mechanical properties of epoxy acrylate/methacrylates UV cured coating [J]. Progress in Organic Coatings, 2005, 54(1):10-19.

[3] 曾现策, 段志祥, 万涛. 阳离子环氧丙烯酸树脂的合成及其影响因素 [J]. 涂料工业, 2007, 37(5): 23-25.

[4] Wang X, He S J, Zhang B L, et al. Study on block polymerization of (METH) acrylate and properties of EP/DDM/copolymer cured systems [J]. Engineering Plastics Application, 2007, 35 (12): 9-13.

[5]　Ratna D, Simon G P. Mechanical characterization and morphology of carboxyl randomized poly (2 – ethylhexyl acrylate) liquid rubber toughened epoxy resins [J]. Polymer, 2001, 42(18): 7739 – 7747.

[6]　　Winfield R J, Brien S O. Two-photon polymerization of an epoxy-acrylate resin material system [J]. Applied Surface Science, 2011, 257(12):5389 – 5392.

[7]　Oprea S, Vlad S, Stanciu A. Epoxy urethane acrylate [J]. European Polymer Journal, 2000, 36(2):373 – 378.

[8]　申辉, 王久芬. 聚氨酯丙烯酸酯/环氧丙烯酸酯分散体系的制备[J]. 应用化工, 2005, 34(1): 30 – 33.

[9]　王锋, 涂伟萍. 异氰酸酯改性环氧丙烯酸酯的合成与性能[J]. 涂料工业, 2009, 39(10): 25 – 29.

[10]　Zhu S W, Shi W F. Flame retardance of UV cured epoxy acrylate blended with different states of phosphated methacrylate [J]. Polymer Degradation and stability, 2003, 82(3): 435 – 439.

[11]　　Lee H N, Pokorny C D, Law S. Cross-reactivity among epoxy acrylates and bisphenol F epoxy resins in patients with bisphenol A epoxy resin sensitivity [J]. American journal of contact dermatitis, 2002, 13(3): 108 – 115.

[12]　刘利文, 王东红, 乔妙杰, 等. 环氧丙烯酸树脂改性技术研究进展[J]. 中国涂层, 2006, 26(5): 27 – 31.

[13]　Santos M N, Opelt C V, Lafratta F H. Thermal and mechanical properties of a nanocomposite of a photocurable epoxy-acrylate resin and multiwalled carbon nanotubes [J]. Materials science and engineering: A, 2011, 528(13 – 14): 4318 – 4324.

[14]　刘方方, 张娟, 李炎, 等. 双组分环氧丙烯酸胶黏剂的研制[J]. 化学与黏合, 2010, 32(5): 71 – 74.

[15]　臧利敏. UV 固化环氧丙烯酸酯的合成和水性化研究[J]. 现代涂料与涂装, 2010, 13(7): 37 – 40.

[16]　肖新颜, 郝才成. 水性环氧丙烯酸树脂的合成[J]. 华南理工大学学报, 2009, 37(6): 47 – 52.

[17]　高鹏, 薛向欣, 杨中东. 紫外固化金属涂料用丙烯酸环氧酯制备及应

用[J]. 材料与冶金学报，2008，7(4)：283-287.

[18] Sun S H，Sun P Q，Liu D Z. The study of etherifying reaction between epoxy resins and carboxyl acrylic polymers in the presence of tertiary amine [J]. European Polymer Journal，2005，41(5)：913-922.

[19] Lin J，Yang Q Z，Wen X F，et al. Novel thermally stable epoxy-polyurethane composites：preparation，characterization and thermogravimetric analysis [J]. Advanced Materials Research，2011，239-242：2742-2747.

[20] Lin J，Yang Q Z，Wen X F，et al. Preparation，characterization，and properties of novel bisphenol-A type novolac epoxy-polyurethane polymer with high thermal stability [J]. High Performance Polymer，2011，23(5)：394-402.

[21] Lee H S，Wang Y K，Hsu L S. Spectroscopic analysis of phase separation behavior of model polyurethanes [J]. Macromolecule，1987，20 (9)：2089-2095.

[22] 陈晓东，周南桥，许佳润，等. 微观镜像分析法在聚氨酯微相分离结构研究中的应用[J]. 橡胶工业，2010，57：564-571.

[23] 赵孝彬，杜磊，张小平. 聚氨酯的结构与微相分离[J]. 聚氨酯工业，2001，16(1)：4-9.

[24] 方红霞，武利民. PDMS 基聚氨酯嵌段共聚物涂层微相分离的研究进展[J]. 涂料工业，2008，38(10)：60-64.

[25] 周亮，杨卓如. 酚醛环氧丙烯酸树脂的合成研究[J]. 合成材料老化与应用，2004，33(4)：21-24.

[26] Zhu S W，Shi W F. Flame retardance of UV cured epoxy acrylate blended with different states of phosphated methacrylate [J]. Polymer Degradation and Stability，2003，82(3)：435-439.

[27] Ding J，Shi W F. Thermal degradation and flame retardancy of hexaacryltaed/hexaethoxyl cyclophosphazene and their blends with epoxy acrylate [J]. Polymer degradation and stability，2004，84(1)：159-165.

[28] Park Y J，Lim D H，Kim H J. UV-and thermal-curing behaviors of dual-curable adhesives based on epoxy acrylate oligomers [J].

International Journal of Adhesion and Adhesives，2009，29（7）：710 –717.

［29］ 刘敬成，贾秀丽，张胜文，等. 聚氨酯丙烯酸酯改性环氧树脂的结构与性能［J］. 高分子材料科学与工程，2011,27(8)：87 – 91.

［30］ 樊庆春，俞刚，郭怀兵. 紫外光固化聚氨酯改性环氧丙烯酸酯的制备［J］. 现代涂料与涂装，2010，13(9)：5 – 8.

［31］ 甄建军，翟文. 微相分离对聚氨酯弹性体耐热性能的影响研究［J］. 弹性体，2009，19(1) ：23 – 25.

［32］ Lin J，Wu X，Zheng C，et al. A novolac epoxy resin modified polyurethane acylates polymergrafted network with enhanced thermal and mechanical properties. Journal of polymer research，2014，21：435 –445.

［33］ Lin J，Yang Q Z，Wen X F，et al. Preparation，characterization，and properties of novel bisphenol-A type novolac epoxy-polyurethane polymer with high thermal stability. High Performance Polymer，2011,23(5)：394 – 402.

第4章 纳米改性 SiO₂/环氧丙烯酸基聚氨酯(EPUA/SiO₂)的制备与表征

4.1 引　言

在第 3 章的研究中,成功制备了环氧丙烯酸基聚氨酯复合树脂,其具有优异的耐热性,且耐热性随着 EA 含量增大而增强。但通过其冲击断面的扫描电子显微镜研究发现,环氧丙烯酸基聚氨酯的微观相分离程度随 EA 含量增大而增大,致使涂膜的韧性下降,当 EA 含量大于 10％以上时,涂膜变脆。为此,单一通过引入酚醛环氧树脂提高其耐热性受到了涂膜柔韧性的限制。如绪论所述,引入无机粒子既可以提高复合材料的耐热性又可以增强复合树脂的韧性和机械强度。近年来,有机/纳米 SiO₂ 杂化材料成为国内外的研究热点,由于有机相和纳米 SiO₂ 粒子无机相间存在较强的物理化学作用力或形成了互穿网络交联结构,其微区的尺寸通常在纳米级,在有机聚合物中引入纳米 SiO₂ 无机粒子可以提高其韧性、强度、模量和耐摩擦性等力学性能和耐腐蚀化学性能[1-18]。如果纳米 SiO₂ 通过改性后,再与有机物以共价键结合,将得到性能更为优异的有机无机杂化材料。这类杂化材料中,由于两相间存在化学键连接,有效地抑制了相分离,且有机和无机分子的热运动也受到束缚,从而能较大程度地提高其耐热性[19-23]。目前,制备纳米 SiO₂ 较多采用溶胶-凝胶方法,且制备聚氨酯/纳米 SiO₂ 杂化材料较多采用不改性或改性的纳米 SiO₂ 无机粒子,通过物理共混加入聚氨酯体系中,因通过 Stober 溶胶法制备得到的硅醇溶胶其醇类溶剂含有羟基,会与异氰酸酯基团反应,从而必须将其烘干后得到 SiO₂ 无机粒子再物理共混加入聚氨酯体系中,其缺点是 SiO₂ 纳米无机粒子很难在聚氨酯体系中均一分散,且蒸馏硅醇溶胶的工艺复杂,成本较高。

为此,将传统的 Stober 溶胶法[24]进行改进,以 TEOS 作为前驱物,N,N-二甲基甲酰胺为共溶剂取代传统的醇类溶剂,氨水为催化剂,制备得到以 N,N-二甲基甲酰胺为溶剂的硅溶胶,然后通过偶联剂 MPS 为改性剂对其表面改性,引入可聚合的碳碳双键,得到以 N,N-二甲基甲酰胺为共溶剂的改性硅溶胶。然后取一定量的硅溶胶,与第 3 章得到的环氧丙烯酸酯、丙烯酸类单体通过原位聚合的方法制备得到 SiO_2/环氧丙烯酸树脂(EPAc/SiO_2),然后将其与固化剂多异氰酸酯三聚体混合固化后得到环氧丙烯酸基聚氨酯/SiO_2 复合树脂(EPUA/SiO_2)。

4.2 实 验 部 分

4.2.1 主要原料及仪器

实验中所用到的主要原料及仪器规格见表 4-1。

表 4-1 主要实验原料及仪器规格

原材料	规 格	厂 商
正硅酸乙酯(TEOS)	分析纯(AR)	广东光华化学厂有限公司
氨水	分析纯(AR)	上海凌峰化学试剂有限公司
无水乙醇	分析纯(AR)	广东光华化学厂有限公司
γ-甲基丙烯酰氧基丙基三甲氧基硅烷(MPS)	分析纯(AR)	湖北德邦化工新材料
苯乙烯(St)	化学纯(CP)	上海凌峰化学试剂有限公司
丙烯酸丁酯(BA)	分析纯(AR)	成都市科龙化工试剂厂
甲基丙烯酸羟乙酯(HEMA)	分析纯(AR)	上海聚瑞实业有限公司
环氧丙烯酸酯(EA)	50%(质量分数)	自 制
N,N-二甲基甲酰胺	化学纯(CP)	凌峰化学试剂有限公司
偶氮二异丁腈(AIBN)	分析纯(AR)	天津市科密欧化学试剂有限公司

4.2.2 纳米 SiO_2 的制备及其改性

常规的 Stober 法是以醇类为共溶剂,本书对 Stober 法进行改进,采用 N,N-二甲基甲酰胺为共溶剂,以正硅酸乙酯(TEOS)为前驱体,通过碱催化水解缩聚制备 SiO_2 溶胶。具体步骤如下:先将一定量的去离子水、氨水和部分 N,N-二甲基甲酰胺溶剂加入到带有冷凝和电动搅拌器装置的 3 口烧瓶中,以 300 r/min 转速将其混合均一,然后将正硅酸乙酯和剩余的 N,N-二甲基甲酰胺溶剂混合均匀后,以一定的速度在 1 h 内滴加至 3 口烧瓶中,在一定温度下和 300 r/min 转速下反应 24 h 后,得到纳米 SiO$_2$/DMF 溶胶。

　　然后取一定量的 γ-(甲基丙烯酰氧基)丙基三甲氧基硅烷硅烷偶联剂(MPS)对纳米 SiO$_2$ 进行表面改性。具体步骤如下:将一定量的 γ-(甲基丙烯酰氧基)丙基三甲氧基硅烷硅烷偶联剂(MPS 与 TEOS 质量比为 1∶2)与一定量的 N,N-二甲基甲酰胺溶剂混合均匀,然后在 1 h 内滴加至装有以上纳米 SiO$_2$/DMF 溶胶的 3 口烧瓶中,在一定温度和 300 r/min 转速下搅拌反应 12 h 后,得到 MPS 改性的纳米 SiO$_2$/DMF 溶胶,其制备工艺路线如图 4-1 所示。

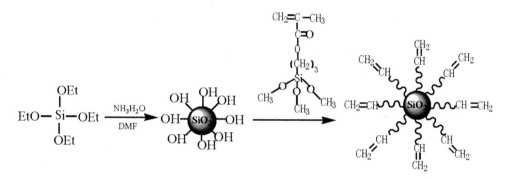

图 4-1　MPS 改性的纳米 SiO$_2$/DMF 溶胶的制备工艺路线图

4.2.3　原位聚合法制备纳米 SiO$_2$/环氧丙烯酸树脂(EPAc/SiO$_2$)

　　在装有温度计、搅拌装置、回流冷凝管和滴加装置的 4 口烧瓶中加入含有一定量纳米 SiO$_2$ 的 N,N-二甲基甲酰胺溶液,并升温至 80℃。将苯乙烯、丙烯酸丁酯、甲基丙烯酸羟乙酯、EA 等丙烯酸类单体及偶氮二异丁腈引发剂并流缓慢滴入 4 口烧瓶内,待反应 3 h 后补加一定量的偶氮二异丁腈引发剂。反应温度维持在 80～85℃。1.5 h 内将单体滴加完后再继续反应 5.5 h,反应结束后得到 EPAc/SiO$_2$,具体的制备路线图见图 4-2。

4.2.4　纳米 SiO$_2$/环氧丙烯酸基聚氨酯(EPUA/SiO$_2$)的制备

　　将以上制备得到的纳米 SiO$_2$/环氧丙烯酸树脂与固化剂多异氰酸酯三聚体混合后,在 80℃烘箱内进行 2 h 固化反应后,得到纳米 SiO$_2$/环氧丙烯酸基聚氨酯(EPUA/SiO$_2$)复合涂层,纳米 SiO$_2$/环氧丙烯酸树脂与固化剂多异氰酸酯三聚体 N3390 按照 NCO∶OH=1.2∶1 计量比进行固化。

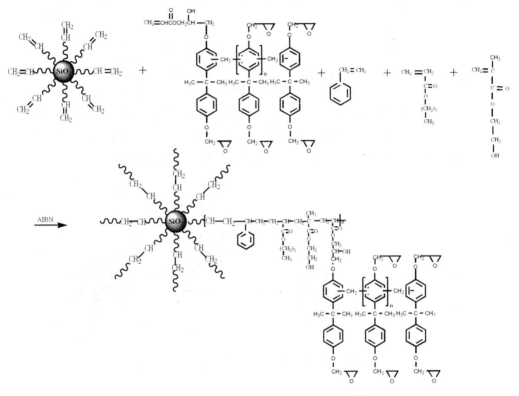

图 4-2　纳米 SiO₂/环氧丙烯酸树脂制备路线图

4.3　测试与表征

4.3.1　粒径测试

SiO₂ 和改性 SiO₂ 的粒径及其粒径分布采用英国马尔文粒径测量仪(ZS Nano S)进行测定。

4.3.2　傅里叶红外(FTIR)测试

将制备得到的硅溶胶进行过滤减压干燥,取微量的烘干后的 SiO₂ 和 MPS 改性 SiO₂ 粒子分别和溴化钾研磨压片,并在红外干燥器干燥 0.5 h 后,采用傅里叶变换红外光谱分析仪(德国 Bruker—Vector 33)测试表征。

4.3.3　X 射线光电子能谱(XPS)测试

取烘干后微量的 MPS 改性后的 SiO_2 粒子进行表面元素分析,采用 Kratos Axis Ultra (DLD)光电子能谱仪进行测试,使用的 Mg 靶 $K\alpha = 1253.6$ eV,靶功率 $= 200$ W,检测深度 $5 \sim 40$ nm,采用污染碳 C_{1s} 的结合能 285.00 eV 进行定标。

4.3.4　表面接触角测试

采用红外压片模具将一定量的 SiO_2 和 MPS 改性 SiO_2 压成片状(直径为 $2 \sim 3$ cm,厚度为 $2 \sim 3$ mm),并使其表面光滑,然后采用光学接触角测量仪(OCA40 Micro,Dataphysics,德国)进行接触角测试。涂层表面的疏水性用水的接触角来衡量,水的表面张力为 72.8 mN/m。

4.3.5　热重 TGA 分析

本书采用德国耐驰 STA499C 热重分析仪分别对 SiO_2、MPS 改性 SiO_2 及 SiO_2/环氧丙烯酸基聚氨酯杂化材料进行热重测试其热分解温度,通过对比分析 SiO_2 和 MPS 改性 SiO_2 的热降解的情况,判断改性的情况,并通过对比分析不同改性 SiO_2 添加量对杂化材料耐热性能的影响。样品测试前放入真空干燥箱内 60℃烘 24 h,彻底干燥后将其磨细用于测试,样品质量 $8 \sim 10$ mg,氮气氛围,升温范围 $30 \sim 600$℃,升温速率为 10℃/min。

4.3.6　透射电子显微镜(TEM)测试

将改性后的硅溶胶和环氧丙烯酸接枝 SiO_2 溶液用 DMF 分散后,滴在带有支持膜的纯碳网上,然后用荷兰飞利浦公司的 FEI — Tecnai 12 分析型透射电子显微镜观察改性 SiO_2 和环氧丙烯酸接枝 SiO_2 的形貌和结构等。

4.3.7　扫描电镜(SEM)测试

将 SiO_2/环氧丙烯酸基聚氨酯杂化树脂通过液氮脆断后,将断面正放在测试台上,用离子溅射器对其进行表面喷金处理,然后用荷兰飞利浦公司的 FEI XL－30 ESEM 扫描电镜观察不同改性 SiO_2 添加量对杂化材料断面形貌的影响。

4.4　结果与讨论

4.4.1　改进 Stober 法制备纳米 SiO₂ 机理分析

溶胶-凝胶法一般采用含高化学活性组分的化合物作为前驱体,在液相下将这些原料均匀混合,并进行水解、缩合化学反应,在溶液中形成稳定的透明溶胶体系,得到的溶胶是具有液体特征的胶体体系,分散的粒子是固体或者大分子,分散的粒子大小在 1～1 000 nm 之间。溶胶-凝胶法最常用的前驱物是正硅酸乙酯或正硅酸甲酯,前驱物的水解通常用酸或碱催化完成[24-25]。Stober 等[26]报道了以正硅酸乙酯(TEOS)为前驱体,乙醇为共溶剂,氨水为催化剂,缓慢水解缩合,制得单分散的纳米 SiO₂。由于溶胶-凝胶法中所用的原料首先被分散到溶剂中而形成低黏度的溶液,可以在很短的时间内获得分子水平的均匀性,在形成凝胶时,反应物之间很可能是在分子水平上被均匀地混合。

本书选用氨水作为催化剂,在用碱性催化剂(NH₄OH)催化反应时,由于阴离子 OH⁻ 半径比较小,将直接对硅原子核发动亲核进攻,OH⁻ 离子的进攻使硅原子核带负电,并导致电子云向另一侧的 OR 基团偏移,致使该基团的 Si—O 键被消弱而最终断裂脱离出 OR⁻,完成水解反应。反应机理可表示为

$$
HO^- + OR-\underset{\underset{OR}{|}}{\overset{\overset{OR}{|}}{Si}}-OR \rightleftharpoons HO\overset{\overset{OR\quad OR}{|\quad|}}{\underset{\underset{OR}{|}}{\cdots Si\cdots}}OR \rightleftharpoons HO-\overset{\overset{OR\quad OR}{|\quad\ \ }}{\underset{\underset{OR}{|}}{Si}} \quad +OR^-
$$

$$(4-1)$$

由于碱催化条件下的 TEOS 水解属 OH⁻ 离子直接进攻硅原子核的亲核反应机理,中间过程少,且 OH⁻ 离子半径小,故水解速度快。硅原子核在中间过程中获得一个负电荷,因此在硅原子核周围如果存在 OH 或 OSi 等吸电子基团,则因其诱导作用能稳定该负电荷有利于 TEOS 的水解。如果存在 OR 基团,则因位阻效应不利于水解,其碳链越长,水解速度越慢,所以 TEOS 在水解初期因硅原子周围都是 OR 基团而水解速度较慢。但是,一旦第一个 OH 置换 OR 基团成功,将非常有利于第二、第三甚至第 4 个 OH 离子的进攻,水解速度将大大加快。水解形成的硅酸是一种弱酸,它在碱性条件下脱氢后则成为一种强碱,必定要对其他硅原子核发动亲核进攻,并脱水(或脱醇)聚合,但这

种聚合方式因位阻效应很大,所以聚合速度很慢。由于在碱催化系统中水解速度大于聚合速度,且 TEOS 水解较为完全,因此可以认为聚合是在水解已基本完全的条件下在多维方向上进行的,形成一种短链交联结构,这种短链交联结构内部的聚合,使短链间交联不断加强,生成高交联度的网状结构,形成密簇或胶粒结构,最后形成球形的颗粒。

现在以正硅酸乙酯(TEOS)为前驱体阐述其机理,TEOS 的水解缩聚过程比较复杂,目前大多数研究者[27-28]认为该过程包括第一步 TEOS 水解形成羟基化产物和乙醇,见式(4-2);第二步是硅醇之间发生缩合反应,见式(4-3)和式(4-4)表示;第三步是硅醇缩聚成核和长大形成固相 SiO₂ 的过程式(见式(4-5))。正硅酸乙酯(TEOS)的完全水解最终生成 SiO₂ 和乙醇,其水解缩聚反应见式(4-6)。

$$
\begin{array}{c}
\text{OC}_2\text{H}_5 \\
| \\
\text{C}_2\text{H}_5\text{O}-\text{Si}-\text{OC}_2\text{H}_5 \\
| \\
\text{OC}_2\text{H}_5
\end{array}
+4\text{H}_2\text{O} \longrightarrow
\begin{array}{c}
\text{OH} \\
| \\
\text{HO}-\text{Si}-\text{OH} \\
| \\
\text{OH}
\end{array}
\qquad (4-2)
$$

$$
\begin{array}{c}
\text{OH} \\
| \\
\text{HO}-\text{Si}-\text{OH} \\
| \\
\text{OH}
\end{array}
+
\begin{array}{c}
\text{OH} \\
| \\
\text{OH}-\text{Si}-\text{OH} \\
| \\
\text{OH}
\end{array}
\longrightarrow
\begin{array}{c}
\text{OH} \quad\ \text{OH} \\
| \qquad | \\
\text{HO}-\text{Si}-\text{O}-\text{Si}-\text{OH} \\
| \qquad | \\
\text{OH} \quad\ \text{OH}
\end{array}
+\text{H}_2\text{O}
$$
$$(4-3)$$

$$
\begin{array}{c}
\text{OH} \quad\ \text{OH} \\
| \qquad | \\
\text{HO}-\text{Si}-\text{O}-\text{Si}-\text{OH} \\
| \qquad | \\
\text{OH} \quad\ \text{OH}
\end{array}
+6\text{Si(OH)}_4 \longrightarrow \text{(网状结构)}
$$
$$(4-4)$$

$$x(\text{Si}-\text{O}-\text{Si}) \longrightarrow -(\text{Si}-\text{O}-\text{Si})_x- \qquad (4-5)$$

$$\begin{array}{c} \quad\quad OC_2H_5 \\ \quad\quad | \\ -C_2H_5O-Si-OC_2H_5 \ +4H_2O \longrightarrow SiO_2+4C_2H_5OH \quad\quad (4-6) \\ \quad\quad | \\ \quad\quad OC_2H_5 \end{array}$$

$$\begin{array}{c} \quad\quad\quad\quad\quad\quad\quad\quad\quad\quad\quad\quad\quad\quad\quad\quad\quad O \\ \quad\quad\quad\quad\quad\quad\quad\quad\quad\quad\quad\quad\quad\quad\quad\quad\quad \| \\ CH_3-CH_2-OH+NCO\thicksim\thicksim \longrightarrow \ CH_3-CH_2-O-C-NH\thicksim\thicksim \\ O \\ \| \\ NH-C-O-CH_2-CH_3 \end{array}$$

$$(4-7)$$

Stober 法制备硅溶胶通常是以醇类为共溶剂,例如用乙醇为共溶剂通过溶胶-凝胶法制备得到的硅溶胶,由于乙醇溶剂中含有—OH 基团,容易与聚氨酯体系中的—NCO 基团发生反应,见式(4-7),故不能直接添加硅溶胶至聚氨酯体系中。通常的做法是将硅溶胶进行凝胶将其溶剂烘干后,再分散在溶剂中加入至聚氨酯体系,但其缺点是硅溶胶烘干过程容易发生粒子团聚,造成在聚氨酯体系中的分散不均等问题,从而造成力学性能的下降。

为此,本书选用 DMF 为共溶剂,通过改进的 Stober 溶胶法制备 DMF 硅溶胶。然后通过偶联剂 MPS 为改性剂对其表面改性,引入可聚合的碳碳双键,得到以 N,N-二甲基甲酰胺为溶剂的改性硅溶胶,这样避免了共溶剂中存在能与—NCO 基团发生反应的—OH 基团,也不需要将改性硅溶胶-凝胶陈化成固体粒子后再加入聚氨酯体系中,取一定量的改性硅溶胶,与第 3 章得到的环氧丙烯酸酯、丙烯酸类单体通过原位聚合方法即可制备得到 SiO_2/环氧丙烯酸基聚氨酯复合树脂。

当 MPS 与 TEOS 共同反应时,一方面它们中的硅烷基可参与溶胶过程的水解与缩聚反应,即与无机组分的前驱体共水解和缩聚,提高与无机相纳米粒子的结合力。另一方面,其中所含的 C═C 键又能与丙烯酸类单体中的 C═C 键发生自由基聚合反应,将有机基体和无机粒子以桥梁的形式连接在一起,使无机相与有机相以化学键形式结合,形成一个整体,从而提高聚氨酯与 SiO_2 之间界面作用力,能提高复合树脂各个方面的性能。

4.4.2 纳米 SiO_2 表面改性过程机理分析

由溶胶法制备得到的纳米硅溶胶中的纳米 SiO_2 结构是以 Si 原子为中心,

O 原子为顶点的四面体无规堆积而成的,其表面上的 Si 原子连接有 3 种形式的羟基,第一种是孤立的、未受干扰的自由羟基,第二种是连生且彼此形成氢键的缔合羟基,第三种是双生羟基,即两个羟基连接在一个 Si 原子上的羟基。

硅烷偶联剂 MPS 的分子结构为 $CH_2=C(CH_3)COO(CH_2)_3Si(OCH_3)_3$。利用硅烷偶联剂 MPS 对纳米 SiO_2 进行表面改性的反应机理如图 4-3 所示,整个偶联反应过程是分步进行的:①MPS 中与硅原子相连的 $Si-(OCH_3)_3$ 基水解,生成 $Si-OH$ 的低聚硅氧烷。②MPS 中低聚硅氧烷中的 $Si-OH$ 与 SiO_2 基体表面的 $-OH$ 形成氢键。③加热缩聚反应过程中,伴随脱水反应而形成 $Si-O-Si$ 共价键连接。一般认为,界面上硅烷偶联剂水解生成的 3 个硅羟基中只有一个与 SiO_2 表面羟基键合。剩下的两个 $Si-OH$,或与其他硅烷的 $Si-OH$ 缩合,或呈游离状态。

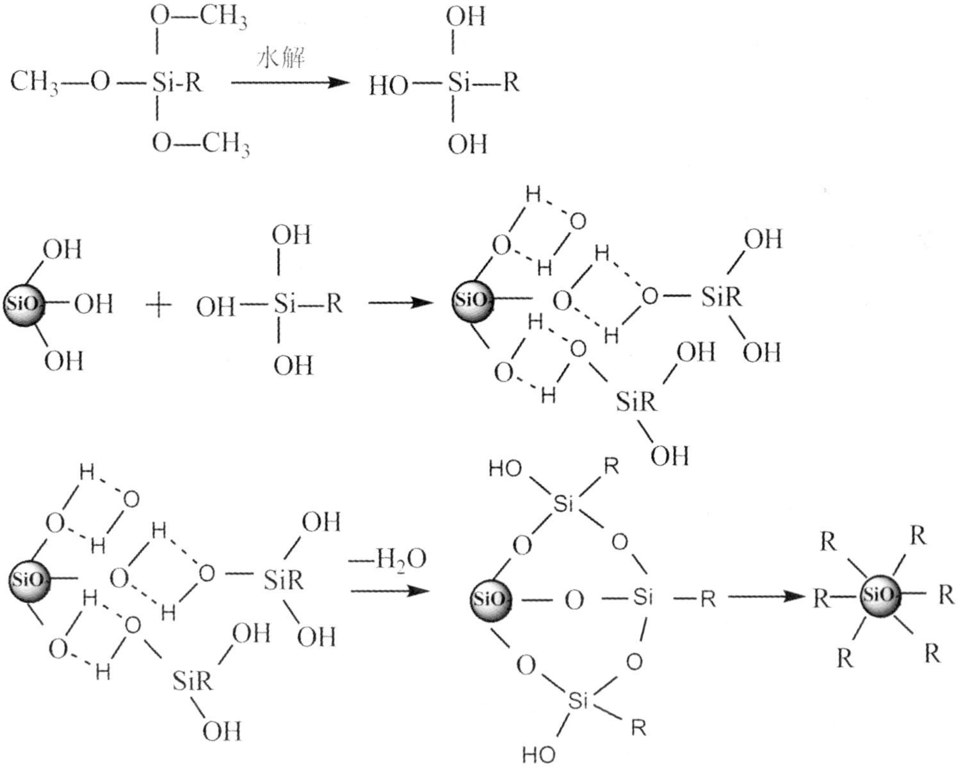

图 4-3　MPS 接枝改性纳米 SiO_2 反应机理

4.4.3 反应条件对 MPS 改性纳米 SiO_2 粒径的影响

本书通过改进的 Stober 法制备 MPS 改性 SiO_2 的 DMF 溶胶。MPS 改性 SiO_2 的形成过程除了正硅酸乙酯和偶联剂 MPS 的自身性质外，还与水解时的反应温度、催化剂的使用量、共溶剂、水量等因数有关。因前驱体正硅酸乙酯和偶联剂在水中的溶解度不大，与水不能充分接触，因此必须选用一种能与正硅酸乙酯和水很好互溶，而又不与其发生反应的溶剂作为共溶剂。本实验选择 N,N-二甲基甲酰胺作为共溶剂。在其他条件相对不变的情况下，在一定范围内改变实验条件，本实验制备得到粒径范围为的 $30\sim130$ nm 单分散改性 SiO_2 粒子，其合成条件见表 4-2。

表 4-2 不同粒径改性 SiO_2 的 DMF 溶胶的合成条件

编号	正硅酸乙酯/g	MPS 偶联剂/g	氨水/g	水/g	N,N-二甲基甲酰胺/g	温度/℃	粒径/nm	粒径分布指数(PDI)
1	4	2	4	2	200	70	32.7	0.001
2	4	2	4	2	200	60	44.6	0.061
3	4	2	4	2	200	50	58.9	0.040
4	4	2	4	2	180	50	59.1	0.038
5	4	2	4	2	160	50	70.6	0.274
6	4	2	5	2	160	50	84.4	0.035
7	4	2	6	2	160	50	96.2	0.050
8	5	2.5	6	2	160	50	104.0	0.304
9	6	3	6	2	160	50	124.5	0.054

由表 4-2 可知：改性 SiO_2 的平均粒径随温度的升高呈减小趋势，随着温度的增加，SiO_2 溶胶粒子的粒径逐渐变小。这是由于在较低的温度时，体系的水解速率、硅酸的缩合速率较慢，颗粒容易聚集，有利于颗粒的长大。升高反应体系的温度，水解速率、氨水的电离程度都有所提高，体系的水解速率增大，有大量新的微晶核生成，在其他条件一定的情况下，最终获得较小的粒径。

随着 DMF 的用量增加，改性 SiO_2 平均粒径也呈减小趋势，这是由于共溶剂的用量的增加，有利于提高正硅酸乙酯和偶联剂在水中的溶解度，从而提高水解的反应速度,有大量新的微晶核生成,在其他条件一定的情况下,最终也获得较小的粒径。

随着 $NH_3 \cdot H_2O$ 用量的增加,改性 SiO_2 的平均粒径增加。因为在氨水浓度提高以后,缩合速率随之提高,体系中微晶核的浓度增加,微晶核不但能自身团聚生成新核,还能克服新核表面的静电排斥力在其表面生长,改性 SiO_2 颗粒的粒径变大。

随着正硅酸乙酯和偶联剂用量的增加,SiO_2 球形颗粒的粒径增加,其原因可能是由于在其他条件不变的情况下,随着正硅酸乙酯和偶联剂用量的增加,催化剂浓度相对降低,水解的速率相对变慢,生成的三维网络的链也越长,在缩聚过程中,较长的三维网络链交织聚合在一起,其聚合度也较大,结果生成的改性 SiO_2 粒径增大。

4.4.4　纳米 SiO_2 改性前后红外光谱（FTIR）对比分析

纳米 SiO_2 改性前后及其改性剂 MPS 的红外光谱图见图 4-4。图 4-4 中 a 为 MPS 偶联剂（$CH_2\!=\!C(CH_3)COO(CH_2)_3Si(OCH_3)_3$）的 FTIR 谱图,$2\,949\ cm^{-1}$ 和 $2\,843\ cm^{-1}$ 分别为 MPS 中—CH_3 和—CH_2 的伸缩振动吸收峰,$1\,720\ cm^{-1}$ 和 $1\,629\ cm^{-1}$ 分别为 MPS 中 $C\!=\!O$ 和 $C\!=\!C$ 的伸缩振动吸收峰,$1\,168\ cm^{-1}$,$1\,087\ cm^{-1}$,$819\ cm^{-1}$ 处的谱带为 $Si—O—CH_3$ 基团的特征吸收峰[29]。图 4-4 中 b 为通过正硅酸乙酯 $Si(OC_2H_5)_4$ 水解得到的 SiO_2 的 FTIR 谱图,$3387\ cm^{-1}$ 处宽而强的峰为 SiO_2 表面上 $Si—OH$ 的伸缩振动吸收峰,在 $2\,949\ cm^{-1}$ 和 $2\,843\ cm^{-1}$ 处的—CH_3 和—CH_2 的伸缩振动吸收峰较弱,说明正硅酸乙酯已经完全水解生成了 SiO_2。$1\,629\ cm^{-1}$ 处的谱带为 SiO_2 表面吸收水的 $H—OH$ 的弯曲振动吸收峰,$1\,072\ cm^{-1}$,$808\ cm^{-1}$ 为 $Si—O—Si$ 的对称和不对称伸缩振动的特征吸收峰,$942\ cm^{-1}$ 为 $Si—OH$ 的弯曲振动吸收峰[30-31]。图 4-4 中 c 为 MPS 改性 SiO_2 的 FTIR 谱图,与未改性的 SiO_2 对比可知,SiO_2 经过 MPS 改性后在 $3\,388\ cm^{-1}$ 处的—OH 的伸缩振动吸收峰强度大大减弱,说明 SiO_2 表面的—OH 大部分已经与 MPS 水解后的产物（$CH_2\!=\!C(CH_3)COO$ $(CH_2)_3Si(OH)_3$）中的—OH 发生缩合接枝到了 SiO_2 的表面。存在部分的—OH 可能来源于 MPS 的水解产物和 SiO_2 表面的未发生水解后的羟基,其水解缩合机理较为复杂,很难达到完全缩合。$2\,973\ cm^{-1}$ 和 $2\,784\ cm^{-1}$ 处分别为 MPS 改性 SiO_2 产物中引入的 MPS 中的—CH_3 和—CH_2 的伸缩振动吸收峰,再次证明 MPS 已经接枝到 SiO_2,$1\,719\ cm^{-1}$ 和 $1\,636\ cm^{-1}$ 分别为 MPS 改性

SiO$_2$产物中引入的 MPS 中 C═O 和 C═C 的伸缩振动吸收峰,说明已经将不饱和 C═C 键成功接枝至 MPS 改性 SiO$_2$产物的表面上,而使得改性后的 SiO$_2$可与含不饱和键的丙烯酸酯类活性单体共聚合,从而进行改性 SiO$_2$的原位聚合。此外,1 168 cm^{-1},1 072 cm^{-1},808 cm^{-1}为 Si—O—Si 的伸缩和弯曲振动特征吸收峰,942 cm^{-1}为 Si—OH 的弯曲振动吸收峰。

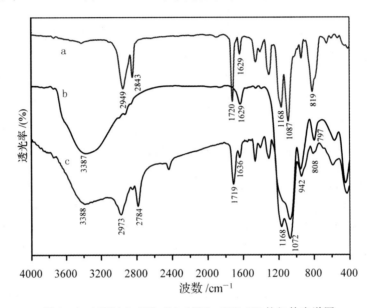

图 4-4　MPS(a),SiO$_2$(b),MPS-SiO$_2$(C)的红外光谱图

4.4.5　改性纳米 SiO$_2$表面元素(XPS)分析

利用 XPS 测定 MPS 改性后的 SiO$_2$表面层的元素组分,因 C,O,Si 各元素都有各自的 XPS 特征峰,构成了各个元素固有的能谱图。为了进一步确定 SiO$_2$表面存在 MPS 包覆层,采用 XPS 分析了 MPS 改性后的 SiO$_2$表面元素的相对含量,如图 4-5 所示。由图中可知:C$_{1S}$的电子结合能为 284.8 eV,Si$_{2p}$的电子结合能为103.3 eV,这与已知文献[31]报道的 SiO$_2$的电子结合能为103.2~103.7 eV 相符合。C,O,Si 各元素质量百分比见表 4-3,由于正硅酸乙酯(TEOS)的水解,生成硅醇后,其表面的羟基与 MPS 水解产物发生缩合,以致于 C,O,Si 各元素质量发生变化。

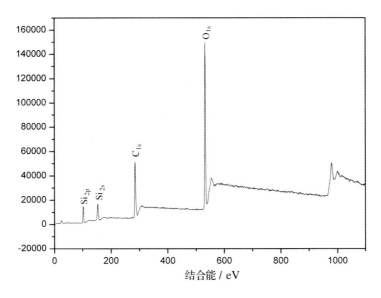

图 4 - 5　MPS 改性 SiO₂ 的 XPS 图

表 4 - 3　MPS - SiO₂ 表面元素含量

元素比例/(％质量分数)	C	O	Si
MPS - SiO₂	33.13	40.44	26.42
TEOS	46.12	30.72	13.48

4.4.6　纳米 SiO₂ 改性前后表面疏水性能对比分析

通过液体水在固体 SiO₂ 表面的润湿性分析来表征 SiO₂ 改性的效果。液体与固体表面接触时,界面区的两种分子既受到界面同侧同种分子的吸引作用,又受到另一侧异种分子的吸引作用,此两种吸引力的合力称为界面张力。如果固体具有低表面能,其吸引力低于液体分子的吸引力,界面区的液体分子,有向液体内部收缩的张力,此为非润湿状态。如果固体具有高表面能,其吸引力高于液体相分子的吸引力,则界面区的液体分子有一种吸附于固体表面的力,此为润湿状态。

水对 SiO₂ 的润湿状态可用接触角来表示,测试方法可将试样采用红外压片模具,压成片状(直径为 2～3 cm,厚度为 2～3 mm),并使其表面光滑,然后通过接触角测试仪进行接触角测试。接触角的定义是在 SiO_2 相、水相与空气相的三相交界处,由固/液界面经过液体内部到气液界面的夹角,以 θ 表示(见图 4-6)水滴在 SiO_2 固体表面处于平衡状态时,其表面张力、界面张

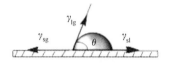

图 4-6　界面接触角模型图

力和水在 SiO_2 固体表面的接触角的相互关系可以用杨氏表示为

$$\gamma_{sg} - \gamma_{sl} = \gamma_{lg} \cos\theta \qquad (4-8)$$

式中,γ_{sg},γ_{sl},γ_{lg} 分别为固体 SiO_2 的表面自由能、固/液界面自由能和水的表面能力。其 θ 角越大,说明水对 SiO_2 固体表面的疏水性越强,亲水性越差。如图 4-7 所示,未改性前 SiO_2 的水接触角为 14°,通过改性后的 SiO_2 的水接触角为 82°,说明 MPS 成功接至 SiO_2 的表面,使得 SiO_2 表面的羟基基团减少,亲油性的碳氢链和硅氧链增多,致使改性后的 SiO_2 表面的亲水性下降[32]。

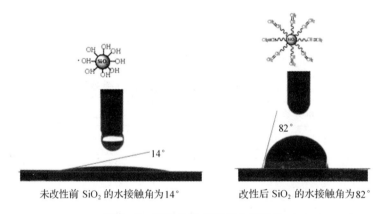

未改性前 SiO_2 的水接触角为 14°　　改性后 SiO_2 的水接触角为 82°

图 4-7　SiO_2 改性前后的水接触角

4.4.7　改性纳米 SiO_2 的热失重(TGA)分析

图 4-8 为未改性和 MPS 改性的纳米 SiO_2 的热失重图,由图 4-8 可知,在 $30 \sim 800℃$ 之间 SiO_2 的热失重为 0.1%,为微量未烘干的水分,未改性的 SiO_2 在此温度区间并不发生热降解。MPS 改性 SiO_2 在 $30 \sim 100℃$ 之间热失重为 0.1%,主要也是微量未烘干的粒子表面吸附的自由水的脱离损失。在 $100 \sim 800℃$ 之间热失重约为 38%,主要是 MPS 改性 SiO_2 粒子表面以化学键连接的 MPS 中碳碳键和碳氢键的高温裂解。

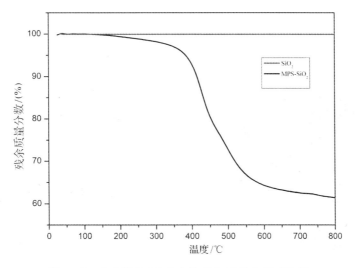

图 4-8　未改性和 MPS 改性 SiO₂ 的热失重对比图

4.4.8　改性硅溶胶纳米粒子微观形貌(TEM)分析

图 4-9 为不加偶联剂 MPS 制备得到的纳米 SiO₂ 粒子的透射电镜图,通过 TEM 可以了解纳米 SiO₂ 的原始粒径及聚集体的状态。从图中可以发现,纳米 SiO₂ 的粒子基本呈球形,其原生粒子直径大约在 30 nm,但以粘连团聚体形式存在。这是因为溶胶中存在促使其相互聚结的粒子间相互吸引的能量(U_A)和阻碍其相互聚结的相互排斥的能量(U_R),这两方面的总效应就决定了溶胶的稳定性[33],溶胶粒子间的吸引力在本质上是由许多分子组成的粒子之间的相互吸引的远程作用力。排斥力起源于胶粒表面的双电层结构。图 4-10 所示纳米 SiO₂ 的粒径很小,溶胶粒子不停地做布朗运动,由于表面存在自由羟基、缔合羟基和双生羟基,三种羟基的存在使得表面分子吸引力加强,以及隧道效应和分子间氢键作用力较强,当粒子相互接近时,总的位能发生变化,粒子之间的布朗运动克服了位垒 U_{max},致使粒子发生吸附在一起的现象。图 4-10、图 4-11、图 4-12、图 4-13、图 4-14 分别按照表 4-2 中 1,3,6,8,9 号试验条件经 MPS 表面改性得到的纳米 SiO₂ 的透射电镜图,平均粒径尺寸分别大约为 30 nm,50 nm,80 nm,100 nm 和 120 nm,团聚现象有明显改善,MPS 分子形成空间位阻使得粒子呈现出较好的分散性。其原因为粒子间的隧道效应和分子间氢键作用力减弱,亲水性的表面接枝了亲油有机基团,其亲油性和空间位阻作用减少了 SiO₂ 的团聚。图 4-15、图 4-16 分别为加入前面制备得

到的 50 nm 和 100 nm 的改性 SiO_2，通过原位聚合法制备得到 $EPAc/SiO_2$ 的透射电镜图。从图 4-15 的局部放大图可以清晰看到 $EPAc/SiO_2$ 的 SiO_2 内核层 $d = 50$ nm，聚合物层 $d = 20 \sim 30$ nm，图 4-16 的局部放大图看到 $EPAc/SiO_2$ 的 SiO_2 内核层 $d = 100$ nm，聚合物层 $d = 20 \sim 30$ nm。

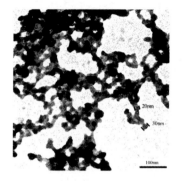

图 4-9　直径约为 30 nm SiO_2 的 TEM 图

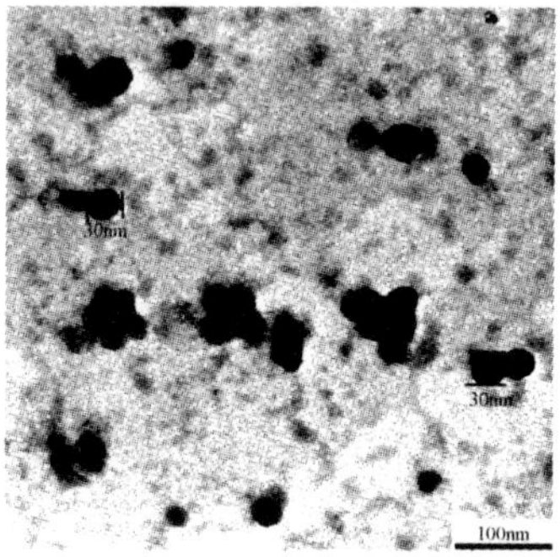

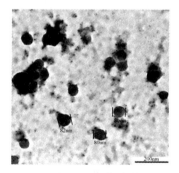

图 4-10　直径约为 30 nm 的改性 SiO_2 TEM 图

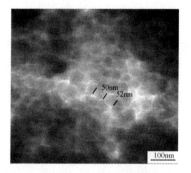

图 4-11　直径约为 50 nm 的改性 SiO_2 TEM 图

图 4-12　直径约为 80 nm 的改性 SiO_2 TEM 图

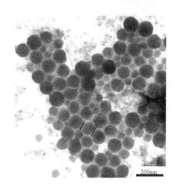

图 4-13　直径约为 100 nm 的改性 SiO_2 TEM 图

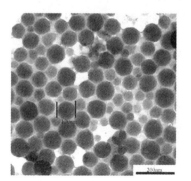

图 4-14　直径约为 120 nm 的改性 SiO_2 TEM 图

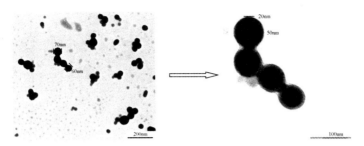

图 4 - 15　环氧丙烯酸接枝改性 SiO_2 的 TEM 及其放大图

(SiO_2 内核层 $d=50$ nm,聚合物层 $d=20$ nm)

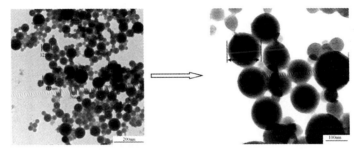

图 4 - 16　环氧丙烯酸接枝改性 SiO_2 的电镜图及其放大图

(内核层 $d=100$ nm,聚合物层 $d=25$ nm)

4.4.9　纳米 SiO_2/环氧丙烯酸基聚氨酯的微观形貌(SEM)分析

不同改性纳米 SiO_2 含量的 EPUA/SiO_2 聚氨酯杂化材料断面的扫描电镜图如图 4 - 17(a)～(d)所示,随着改性 SiO_2 含量从 0％增加到 5％(质量分数),样条冲击断裂面的应力条纹增多,而且条纹在偏离应力方向产生细微的银纹增多,且可以看见大部分纳米级的改性 SiO_2 包裹在基体树脂中均匀分散。一方面说明改性 SiO_2 在聚氨酯体系中得到了良好的分散,其原因为 SiO_2 通过MPS 偶联剂表面改性后再通过原位聚合,SiO_2 粒子表面接枝了环氧丙烯酸树脂,使得改性 SiO_2 通过化学键与树脂结合,均匀地分布在复合树脂体系中。另一方面说明改性 SiO_2 的加入,改变了基体树脂受冲击时的应力发展方向,其原因是由于纳米 SiO_2 粒子的粒径小、比表面积大,使其可与聚合物基体充分地化学键合,增强了 SiO_2 粒子与基体间的界面黏结力。依据裂纹与银纹相互转化增强增韧机理,当基体受到外力作用时,由于刚性无机粒子的存在,会产生应力集中效应,容易激发周围树脂基体产生微裂纹(或银纹),吸收一定形变功,同时纳米粒子之间的基体会产生屈服和塑性形变,吸收一部分能量。因此,由于刚性无机粒子的存在会使基体树脂裂纹扩展受阻、钝化,阻碍了内部结构的大面积破坏,从而提升聚氨酯材料的耐冲击性能,达到预期的增韧效果。

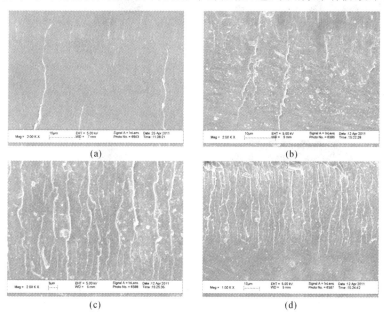

图 4-17 纳米 SiO_2/环氧丙烯酸基聚氨酯断面 SEM 图
(a) 0%(质量分数) MPS-silica； (b) 1%(质量分数) MPS-silica
(c) 3%(质量分数) MPS-silica； (d) 5%(质量分数) MPS-silica

4.4.10 不同改性 SiO_2 添加量对 EPUA/SiO_2 复合材料耐热性能的影响

图 4-18 为不同改性 SiO_2 含量的 EPUA/SiO_2 热重图,从图中得知,随着改性 SiO_2 含量的增加,热失重曲线往高温方向偏移显著,从右侧的不同改性 SiO_2 添加量的热失重特征温度对比图可以看出,随着改性 SiO_2 含量的增加,相应的热失重特征温度和 600℃ 剩余质量明显增加。且从 EPUA/SiO_2 的热降解特征温度表 4-4 可知,当 EPUA/SiO_2 热失重质量分别为 5%,10%,15% 和 50% 时,添加 1%,3%,5% 的改性 SiO_2,相对于 EPUA 而言,EPUA/SiO_2 的 T_5 分别提高了 3℃,5.7℃,6.9℃,T_{10} 分别提高了 8.2℃,13.3℃,17℃,T_{15} 分别提高了 13.2℃,18.3℃,27℃,T_{50} 分别提高了 10.6℃,18.3℃,29.5℃。随着改性 SiO_2 添加量的增加,EPUA/SiO_2 的耐热性显著增强。如前所述,提高聚氨酯耐热性的方法除了引入内聚能较高、热稳定性较好的有机杂环基团外,另外一种

方法就是引入高键能的无机化合物,加入改性纳米 SiO_2 粒子至聚氨酯体系中,形成了有机无机杂化的空间交联网状结构如图 4-19 所示。一方面由于Si—O 键键能(452 kJ/mol)远大于 C—H 等键键能(100~103 kJ/mol),且聚合物的热分解一般是从聚合物分子链中的弱键或缺陷部分的化学键开始先断裂的,或者产生不稳定的过氧化物结构部分随之断裂,SiO_2 的高键能增大了聚合物中化学键的内聚能。另一方面加入纳米 SiO_2 形成了有机无机杂化的空间网状交联结构,增加了聚合物的交联密度和氢键作用力,且空间热阻增大,需要更多的热能才能使得聚合物化学键断链。为此,加入高键能的 SiO_2 无机粒子有利于提高 EPUA/SiO_2 的耐热性。

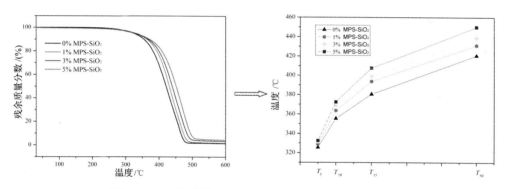

图 4-18　不同改性 SiO₂含量的 EPUA/SiO₂热重曲线图

表 4-4　EPUA/SiO₂ 的热降解特征温度

样品名称	$T_{5a}/℃$	$T_{10b}/℃$	$T_{15c}/℃$	$T_{50d}/℃$	600℃剩余质量(%)
EPUA/SiO₂-0%	325.6	355.5	380.5	420.5	1.62%
EPUA/SiO₂-1%	328.6	363.7	393.7	431.1	2.03%
EPUA/SiO₂-3%	331.3	368.8	398.8	438.8	3.54%
EPUA/SiO₂-5%	332.5	372.5	407.5	450.0	4.60%

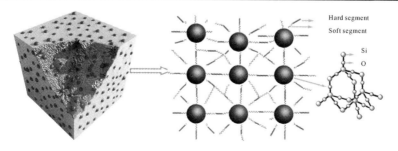

图 4-19　EPUA/SiO₂ 交联网络结构模型图

4.4.11　不同改性 SiO_2 添加量对涂膜性能的影响分析

1. 不同改性纳米 SiO_2 添加量对 $EPUA/SiO_2$ 树脂膜耐冲击性的影响

表 4-5 为纳米 SiO_2/环氧丙烯酸基聚氨酯的涂膜性能测试结果。由表 4-5结果可知,改性纳米粒子 SiO_2 的加入可以显著提高树脂膜的耐冲击性能。当树脂基体受到力的冲击时,超过了树脂基体所能承受的负荷时,局部应力过大就会产生微裂纹(银纹),并进一步扩展成为宏观裂纹,当纳米粒子通过改性后均一地分散在树脂基体中后,纳米粒子能够消除局部应力的作用,纳米粒子向四周方向分解其应力,改变应力方向,吸收了冲击能量,阻止裂纹的进一步扩展,提高了耐冲击性能。加入的纳米粒子 SiO_2 的量越多,抑制银纹向宏观裂纹扩展的能力越强,耐冲击性能越强[34]。

表 4-5　纳米 SiO_2/环氧丙烯酸基聚氨酯的涂膜性能测试

树脂样品	柔韧性 mm	耐冲击性 J	铅笔硬度 H	附着力 (等级)	耐水性	耐酸性	耐碱性
$EPUA/$ $SiO_2-0\%$	3	2.45(25 cm)	3	2	3 d 内 无变化	2.5 d 内 无变化	2.5 d 内 无变化
$EPUA/$ $SiO_2-1\%$	3	3.43(35 cm)	4	1	5 d 后不泛 白,不脱落	4 d 后严重泛 白,不脱落	3 d 内严重泛 白,不脱落
$EPUA/$ $SiO_2-3\%$	2	4.12(42 cm)	4	1	5 d 后轻微泛 白,不脱落	4 d 后轻微泛 白,不脱落	3 d 后轻微泛 白,不脱落
$EPUA/$ $SiO_2-5\%$	2	4.61(47 cm)	5	0	6 d 后不泛 白,不脱落	5 d 后轻微泛 白,不脱落	4 d 后轻微泛 白,不脱落

2. 不同改性纳米 SiO_2 添加量对 $EPUA/SiO_2$ 树脂膜柔韧性的影响

由表 4-5 结果可知,不加纳米 SiO_2 粒子树脂的柔韧性为 3 mm,加入 1% 的改性纳米 SiO_2 粒子之后树脂膜的柔韧性为 3 mm,无明显提高。加入 3%～5% 的纳米 SiO_2 粒子之后树脂的柔韧性提升为 2 mm。这是因为纳米 SiO_2 实质上为硅氧硅(Si—O—Si)空间立体网状结构,Si—O 键较长(0.164 nm),Si—O—Si 键角很大(130～160°),使得键之间易旋转,原子活动能力较好,Si—O—Si 键较为柔软,所以加入一定量的纳米 SiO_2 可以提高树脂膜的柔韧性。

3. 不同改性纳米 SiO₂ 添加量对 EPUA/SiO₂ 树脂膜附着力的影响

由表 4-5 结果可知,随着改性纳米 SiO₂ 添加量的增多,树脂膜的附着力得到提高。其原因是由于纳米 SiO₂ 粒子粒径小,比表面积大,其表面上的羟基通过偶联剂改性后表面存在大量的双键,双键再与环氧丙烯酸树脂聚合物大分子通过化学键结合,改性后的纳米 SiO₂ 与聚合物大分子产生了强烈的化学交联作用。另一方面,由于纳米 SiO₂ 粒子表面存在一些表面羟基,可以与底材表面的羟基发生缩合或产生范德华力作用,提高树脂与底材间的化学键作用。当通过划格法对树脂膜进行撕拉作用时,树脂膜受到外力拉伸,改性后的纳米 SiO₂ 一方面可以大大分散应力,抑制树脂膜裂纹的扩散,另一方面增加了树脂与底材间的锚点,抑制了树脂与底材间的剥离。

4. 不同改性纳米 SiO₂ 添加量对 EPUA/SiO₂ 树脂膜硬度的影响

由表 4-5 结果可知,随着改性纳米 SiO₂ 添加量的增多,树脂膜的表面硬度得到提高。不加纳米 SiO₂ 粒子的纯聚氨酯硬度等级为 3,加入 1% 或 3% 的改性纳米 SiO₂ 粒子后,聚氨酯硬度等级上升至 4,加入 5% 的改性纳米 SiO₂ 粒子后,硬度等级上升至 5。其原因与改性纳米 SiO₂ 粒子在聚氨酯树脂体系中的均匀分散有很大关系,通过改性的纳米粒子表面具有双键,通过自由基反应后接枝了环氧丙烯酸树脂聚合物大分子,再通过固化剂固化后形成致密的膜,使得纳米粒子均一分散在 EPUA/SiO₂ 聚氨酯体系中,且纳米 SiO₂ 粒子具有无机物的刚性,纳米 SiO₂ 粒子就如同刚性链段般均一分布在聚氨酯柔性链段当中,对 EPUA/SiO₂ 聚氨酯体系有增强效应,从而提高树脂膜的表面硬度[35]。因此,随着纳米 SiO₂ 添加量的增大,更多的刚性纳米 SiO₂ 粒子均匀分布在聚氨酯树脂体系当中,聚氨酯膜的表面硬度增大。

5. 纳米 SiO₂ 对 EPUA/SiO₂ 树脂膜耐水性的影响

树脂膜实质上是具有三维网状结构的膜,但膜内分子并不是完全紧密堆积的,分子之间总会有空隙的存在,膜的不致密性和空隙的存在,导致水分子容易向聚氨酯体系的渗透与扩散,当水进入膜空隙内与膜内的不耐水基团接触时,这些基团遇水可能发生水解而分解,导致膜的耐水性下降。

见表 4-5 结果可知,随着改性纳米 SiO₂ 含量的增加,膜的耐水性得到明显的提高,这是由于改性纳米 SiO₂ 在聚氨酯体系中形成了空间网络结构,提高了树脂膜的致密性,以及改性纳米 SiO₂ 在树脂膜表面的疏水作用,导致水向聚氨酯体系的渗透与扩散减少,从而提高树脂膜的耐水性能[36-37]。

6. 纳米 SiO_2 对 $EPUA/SiO_2$ 树脂膜耐酸碱性的影响

树脂膜的耐酸碱性一方面与树脂的分子结构和分子间作用力有关,另一方面与树脂分子空间排列的紧密性有关。树脂在酸碱介质中的破坏过程是物理和化学作用的综合结果。酸碱介质分子通过渗透和扩散作用进入树脂膜空隙内,使得树脂溶胀或软化,同时酸碱介质分子促进树脂内大分子中的活泼基团发生水解反应,大分子链发生破坏或断裂,使树脂表面发黏、模糊或软化,致使力学性能下降。见表 4－5 结果可知,随着改性纳米 SiO_2 用量增加,聚氨酯膜的内部交联密度增大,致密性提高,以及改性纳米 SiO_2 的疏水作用增强,使得酸碱介质分子更难渗透和扩散进入树脂膜空隙内,减小活泼基团发生水解反应的程度,提高了聚氨酯膜的耐酸碱性[38-39]。

4.5　本 章 小 结

(1)本章通过改进的 stober 溶胶法,以 TEOS 为前躯体,DMF 为共溶剂,MPS 为偶联改性剂,制备得到了 30～130 nm 不同粒径的 MPS 改性纳米 SiO_2,并考察了反应条件对粒径的影响。研究发现:改性 SiO_2 平均粒径随温度的升高和 DMF 的用量增加呈减小趋势,随着氨水、TEOS、MPS 的用量增加,平均粒径呈增加趋势。

(2)表征了 SiO_2 改性前后的结构变化,红外光谱显示 MPS 改性的 SiO_2 中出现了—CH_3,—CH_2,$C=O$ 和 $C=C$ 的伸缩振动吸收峰,且 Si—OH 的伸缩振动吸收峰减小。接触角测试显示未改性前 SiO_2 的水接触角为 14°,改性后的 SiO_2 的水接触角变为 82°,改性后的 SiO_2 疏水性增强。TGA 分析显示 600℃ 以前热失重为接枝在 SiO_2 表面上的 MPS 分子。XPS 能谱图出现了 Si_{2p},Si_{2s},C_{1S},O_{1S} 的结合能,通过以上表征证明了硅烷偶联剂成功地接枝到了 SiO_2 表面。

(3)采用透射电镜对纳米 SiO_2 粒子改性前后的微观形貌进行了表征,其结果显示未改性的纳米 SiO_2 的粒子基本呈球形,其原生粒子直径大约在 30 nm,但以粘连团聚体形式存在。而 MPS 表面改性后的 30 ～120 nm 纳米 SiO_2 团聚现象减少,MPS 分子形成的空间位阻使得粒子呈现出较好的分散性。且通过原位聚合法制备得到的 $EPUA/SiO_2$ 的 TEM 显示 SiO_2 核层 $d=50$ nm,聚合物层 $d=20\sim30$ nm,或 SiO_2 核层 $d=100$ nm,聚合物层 $d=20\sim30$ nm。

(4)通过扫描电镜观察到具有不同改性纳米 SiO_2 含量(0%～5%(质量分

数))的 EPUA/SiO₂ 杂化材料断面的微观形貌,结果表明:随着改性 SiO₂ 含量的增加,EPUA/SiO₂ 冲击断裂面的应力条纹增多,而且条纹在偏离应力方向产生细微的银纹增多,依据裂纹与银纹相互转化增强增韧机理,当 EPUA/SiO₂ 基体受到外力作用时,由于 SiO₂ 无机粒子的存在,会产生应力集中效应,容易激发周围树脂基体产生微裂纹(或银纹),吸收一定形变功,同时 SiO₂ 纳米粒子之间的基体会产生屈服和塑性形变,吸收一部分能量,使基体树脂裂纹扩展受阻、钝化,阻碍了内部结构的大面积破坏,从而提升 EPUA/SiO₂ 聚氨酯材料的耐冲击性能,达到预期的增韧效果。

(5)TGA 热分析表明高键能纳米 SiO₂ 粒子的引入有利于提高 EPUA/SiO₂ 的耐热性。其热失重特征温度和 600℃剩余质量明显增加,添加 1%,3%,5%(质量分数)的改性 SiO₂ 时,对应的 EPUA/SiO₂ 的 T_5 分别提高了 3℃,5.7℃,6.9℃。T_{10} 分别提高了 8.2℃,13.3℃,17℃。T_{15} 分别提高了 13.2℃,18.3℃,27℃。T_{50} 分别提高了 10.6℃,18.3℃,29.5℃。其原因是改性纳米 SiO₂ 粒子为高键能的无机化合物,加入聚氨酯中得到均一分散的有机无机杂化的空间网状交联结构,不仅增加了聚合物的交联密度,而且增大了聚合物的内聚能,增大了空间热阻,聚合物化学键需要更多的热能才能断链。

(6)通过考察纳米 SiO₂ 粒子对 EPUA/SiO₂ 的表面硬度、柔韧性、抗冲击性、耐水性、耐酸碱性等性能的影响。研究结果表明:随着 SiO₂ 含量的增加,其抗冲击性、柔韧性、表面硬度、附着力、耐水性、耐酸性、耐碱性均有增强,尤其是 SiO₂ 的增韧增强作用可以很好地弥补引入大量的酚醛环氧树脂带来的柔韧性和耐冲击性下降等不足。

参 考 文 献

[1] Xiao X Y, Hao C C. Preparation of waterborne epoxy acrylate/silica sol hybrid materials and study of their UV curing behavior [J]. Colloids and Surfaces A: Physicochemical and Engineering Aspects, 2010, 359(1 - 3):82 - 87.

[2] Wang Y T, Chang T C, Hong Y S, et al. Effect of the interfacial structure on the thermal stability of poly (methylmethacrylate)-silica hybrids [J]. Thermo chemical Acta, 2003, 397(2): 219 - 226 .

[3] Kishore E, Sampathkumaran P, Seetharamu S. SEM observation of the

effects of velocity and load on the sliding wear characteristics of glass fabric-epoxy composites with different fillers [J]. Wears, 2000, 237: 20 -27.

[4] 徐国财,刑宏龙,闵凡飞. 纳米 SiO_2 在紫外光固化涂料中的应用[J]. 涂料工业, 1999, 19(7): 3 - 5.

[5] 吴春蕾,章明秋,容敏智. 纳米 SiO_2 表面接枝聚合改性及其聚丙烯基复合材料的力学性能[J]. 复合材料学报, 2002, 19(6): 61 - 67.

[6] Lee S, Hahn Y B, Nahm K S. Synthesis of polyether-based polyurethane-silica nanocomposites with high elongation property [J]. Polymers for Advanced Technologies, 2005, 16: 328 - 331.

[7] Cho J W, Lee S H. Influence of silica on shape memory effect and mechanical properties of polyurethane-silica hybrids [J]. European Polymer Journal, 2004, 40: 1343 - 1348.

[8] Charles D, Mahmoud R, Denis R. Polymerization compounding of polyurethane-fumed silica composites [J]. Polymer Engineering & Science, 2006, 46(3): 360 - 371.

[9] 张颖,侯文生,魏丽乔,等. 纳米 SiO_2 的表面改性及其在聚氨酯弹性体中的应用[J]. 功能材料, 2006, 8(36):1286 - 1289.

[10] Chen Y, Zhou S, Yang H, et al. Structure and Mechanical Properties of Polyurethane/Silica Hybrid Coatings [J]. Macromolecular Materials and Engineering, 2005, 290: 1001 - 1008.

[11] Barna E, Bommer B, Kürsteiner J, et al. Innovative scratch proof nanocomposites for clear coatings [J]. Composites Part A: Applied Science and Manufacturing, 2005, 36 (4):473 - 480.

[12] Garcia M, Barsema J N, Galindo R E, et al. Hybrid Organic Inorganic Nylon - 6/SiO_2 Nanocomposites: Transport Properties [J]. Polymer Engineering and Science, 2004, 44(7): 1240 - 1246.

[13] 胡圣飞,徐声钧,李纯清.纳米级无机粒子对塑料增韧增强研究进展[J]. 塑料, 1998, 27(4):13 - 16.

[14] Trakulsujaritchok T, Hourston D J. Damping characteristics and mechanical properties of silica filled PUR/PEMA simultaneous interpenetrating polymer networks [J]. European Polymer Journal,

2006，42 (11)：2968 - 2976.

[15] Jalili M M, Moradian S. Deterministic performance parameters for an automotive poly-urethane clear coat loaded with hydrophilic or hydrophobic nano-silica [J]. Progress in Organic Coatings，2009，66：359 - 366.

[16] Lu H D，Hu Y，Li M，et al. Structure characteristics and thermal properties of silane grafted polyethylene/clay nanocomposite prepared by reactive extrusion [J]. Composites Science and Technology，2006，66(15)：3035 - 3039.

[17] 张志华，沈军，吴广明，等. SiO₂不同的掺杂方式对聚氨酯树脂材料性能的影响[J]. 材料导报，2003，17(9)：127 - 304.

[18] Shen J，Zhang Z H，Wu G M. Preparation and characterization of polyurethane doped with nano-sized SiO₂ derived from sol-gel process [J]. Journal of Chemical Engineering of Japan，2003，36(10)：1270.1275.

[19] Jeon H T，Jang M K，Kim B K. Synthesis and characterizations of waterborne polyurethane-silica hybrids using sol-gel process [J]. Colloids Surf A：Physicochem Eng Aspects，2007，302：559 - 567.

[20] Lee P I，Chung Hsu S L. Preparation and properties of polybenzoxazole-silica nanocomposites via sol-gel process [J]. European Polymer Journal，2007，43：294 - 299.

[21] Nazira T，Afzala A，Siddiqia H M. Thermally and mechanically superior hybrid epoxy-silica polymer films via sol-gel method [J]. Progress in Organic Coatings，2010，69：100 - 106.

[22] Zhang X H，Xu W J，Xia X N. Toughening of cycloaliphatic epoxy resin by nanosize silicon dioxide [J]. Materials Letters，2006，60：3319 -3323.

[23] Zhou H，Che Y，Fan H J. The polyurethane/SiO₂ nano-hybrid membrane with temperature sensitivity for water vapor permeation [J]. Journal of Membrane Science，2008，318：71 - 78.

[24] 林健. 催化剂对正硅酸乙酯水解-聚合机理的影响[J]. 无机材料学报，1997，12(3)：363 - 369.

[25] Xu Y, Liu R, Wu D, et al. Ammonia-catalyzed hydrolysis kinetics of mixture of tetraethoxysilane with methyltriethoxysilane by ^{29}Si NMR [J]. Journal of Non-Crystalline Solids, 2005, 351 (30 – 32): 2403 –2413.

[26] Stober, W, Fink, A, Bohn, E. Controlled Growth of Monodisperse Silica Spheres in the Micron Size Range [J]. Journal Interface Science, 1968, 26: 62 – 369.

[27] Li Y S, Wright P B, Puritt R, et al. Vibrational spectroscopic studies of vinyltriethoxysilane sol-gel and its coating [J]. Spectrochimica Acta — Part A: Molecular and Biomolecular Spectroscopy, 2004, 60 (12): 2759 – 2766.

[28] Wu C, Wu Y H, Xu T W. Study of Sol-gel reaction of organically modified alkoxysilanes. Part I: Investigation of hydrolysis and polycondensation of phenylaminomethyl triethoxysilane and tetraethoxysilane [J]. Journal of Non-Crystalline Solids, 2006, 352 (52 –54): 5642 – 5651.

[29] Zhang L, Chen H L, Pan Z R. Study on swelling behavior and pervaporation properties of AA-MMA-BA copolymers for separation of methanol/MTBE/C5 mixtures [J]. Journal of Applied Polymer Science, 2003, 87: 2267 – 2271.

[30] Chen G D, Zhou S X, Gu G X. Effects of surface properties of colloidal silica particles on redispersibility and properties of acrylic-based polyurethane/silica composites [J]. Journal of Colloid and Interface Science, 2005, 281: 339 – 350.

[31] Chen G D, Zhou S X, Gu G X. Modification of colloidal silica on the mechanical properties of acrylic based polyurethane/silica composites [J]. Colloids and Surfaces A: Physicochem. , Eng. Aspects. 2007, 296: 29 – 36.

[32] Bhagat S D, Rao A V. Surface chemical modification of TEOS based silica aerogels synthesized by two step (acid-base) sol-gel process [J]. Applied Surface Science, 2006, 252: 4289 – 4297.

[33] 侯万国，孙德军，张春光. 应用胶体化学[M]. 北京:科学技术出版

社，1998.

[34]　Zhang X H，Xu W J，Xia X N. Toughening of cycloaliphatic epoxy resin by nanosize silicon dioxide [J]. Materials Letters，2006，60：3319 -3323.

[35]　Aruna S T，Grips V K W，Rajam K S. Ni-based electrodeposited composite coating exhibiting improved micro hardness，corrosion and wear resistance properties [J]. Journal of Alloys and Compounds，2009，468：546 - 552.

[36]　Bergbreiter D E，Hu H P，Hein M D. Control of surface functionalization of polyethylene powders prepared by coprecipitation of functionalized ethylene oligomers and polyethylene [J]. Macromolecules，1989，22：654 - 662.

[37]　Bergberiter D E，Stinivas B. Surface selectivity in blending polyethylene-poly (ethylene glycol) blocks co-oligomers into high-density polyethylene [J]. Macromolecules，1992，25：636 - 643.

[38]　Mizutani T，Arai K，Miyamoto M，et al. Application of silica containing nano-composite emulsion to wall paint：a new environmentally safe paint of high performance [J]. Progress in Organic Coatings，2006，55：276 - 283.

[39]　Rossi S，Deflorian F，Fiorenza J. Environmental influences on the abrasion resistance of a coil coating system[J]. Surface and Coatings Technology，2007，201：7416 - 7424.

[40]　Lin J，Wu X，Zhang C，et al. Synthesis and properties of epoxy-polyurethane/silicananocomposites by a novel sol method and in-situ solutionpolymerization route. Applied surface science，2014，303，67 -75.

第5章 纳米改性石墨烯/环氧丙烯酸基聚氨酯(EPUA/RMGEO)的制备与表征

5.1 引 言

通过前章引入纳米 SiO_2 无机粒子得到的有机无机杂化 $EPUA/SiO_2$ 复合树脂性能研究发现:纳米 SiO_2 的增韧增强作用很好地弥补了引入大量的酚醛环氧树脂带来的柔韧性和耐冲击性下降等不足。此外,由于引入高键能的纳米 SiO_2 至 $EPUA/SiO_2$ 中得到的是均一分散的有机无机杂化空间网络状的交联结构,一方面由于其本身的高键能增大了 $EPUA/SiO_2$ 的内聚能,另一方面由于其形成的空间网络状交联结构增加了 $EPUA/SiO_2$ 的交联密度和空间热阻,需要更多的能量才能使得聚合物化学键断链,提高了 $EPUA/SiO_2$ 的耐热性。为此,本章基于前章的研究理论和结果,将探讨片层结构的改性纳米石墨烯对纳米改性石墨烯/环氧丙烯酸基聚氨酯的耐热性以及涂膜性能的影响。

自 2004 年英国曼彻斯特大学的学者 Andre Geim 发现石墨烯以来,石墨烯的问世引起了全世界的研究热潮[1-6]。石墨烯具有极高的表面积、电导率、热导率和拉伸强度等特性,并有可能作为增强材料广泛应用于新型高强度复合材料之中[7-9]。国内外研究学者将石墨烯分别添加到聚丙烯腈、聚碳酸酯、聚苯乙烯、聚乙烯和聚酰胺中提高了各种材料的弹性模量、电导率和机械强度等[10-13]。但关于石墨烯对复合树脂的耐热性、硬度和耐溶剂性等方面的研究较少[14]。为此,本章将制备出纳米改性石墨烯/环氧丙烯酸基聚氨酯(EPUA/RMGEO),并研究纳米改性石墨烯对 EPUA/RMGEO 的耐热性、抗冲击性、硬度、耐水和耐溶剂性等方面的影响。由于纯石墨烯与有机溶剂或聚合物相容性不好,不能与聚合物形成均一的复合体系,为此,对石墨烯表面进行一定的改性是相当有必要的,通过提高其与聚合物的结合力和相容性,以提高复合树脂的综合性能[15-18]。本章将以石墨为原料,通过 Hummers 法制备氧化石墨(Graphite Oxide,GO),利用超声波对氧化石墨进行剥离制备得到氧化石墨烯(Graphene Oxide,GEO),采用硅烷偶联剂 MPS 对 GEO 进行表面改性制备得到含 C=C 双键的改性石墨烯(MGEO),经 NaHSO₃ 还原后得到还原改性石墨烯(RMGEO),并通过原位聚合法制备出改性石墨烯/环氧丙烯酸树脂(EPAc/RMGEO),然后将其与固化剂多异氰酸酯三聚体固化后得到 EPUA/RMGEO。并通过红外光谱(FTIR)、X 射线衍射(XRD)、热重分析(TGA),X-ray 光谱(XPS)、扫描电镜(SEM)、透射电镜(TEM)等对石墨烯改性产物及其复合树脂进行表征和性能测试。

5.2　实　验　部　分

5.2.1　主要原料与仪器

主要实验原料及仪器规格见表 5-1。

表 5-1　主要实验原料及仪器规格

原料或仪器名称	规　格	生产厂家
天然鳞片石墨	325 目	南京先丰纳米材料科技有限公司
硝酸钠	分析纯(AR)	成都市科龙化工试剂厂
浓硫酸	98%	广东光华化学厂有限公司
高锰酸钾	分析纯(AR)	衡阳市凯信化工试剂有限公司
双氧水	30%	国药集团化学试剂有限公司
浓盐酸	36%	广东光华化学厂有限公司
亚硫酸氢钠	白色结晶性粉末	广州福宁翔化工有限公司
苯乙烯(St)	化学纯(CP)	上海凌峰化学试剂有限公司
丙烯酸丁酯(BA)	分析纯(AR)	成都市科龙化工试剂厂
甲基丙烯酸羟乙酯(HEMA)	分析纯(AR)	上海聚瑞实业有限公司
偶氮二异丁腈(AIBN)	分析纯(AR)	天津市科密欧化学试剂有限公司
N,N-二甲基甲酰胺(DMF)	分析纯(AR)	江苏强盛功能化学股份有限公司
超声波仪	KQ-500D	东莞市科桥超声设备有限公司

5.2.2　氧化石墨(GO)的制备

本书采用 Hummers 法制备氧化石墨[19],该方法利用高锰酸钾为氧化剂,

在浓硫酸和亚硝酸钠的混合溶液中对石墨进行氧化(见图 5-1)。具体步骤如下:

(1)在装有冷凝和机械搅拌的 500 mL 干燥的 3 口烧瓶中缓慢加入105.8 g浓硫酸,并将其放置在冰浴中;

(2)然后加入 1.25 g NaNO$_3$ 和 2.5 g 鳞片石墨,搅拌均匀;

(3)分批将 7.5 g KMnO$_4$ 缓慢加入烧瓶中,由于混合过程中会产生大量热,混合过程需控制其反应温度低于 10℃,并反应 2 h;

(4)再升温至(35±2)℃,反应 30 min;

(5)连续滴加去离子水 115 mL,升温至 98℃,反应 30 min;

(6)然后加入 0.35 L 热水稀释,接着加入 6.25 mL 的 30%H$_2$O$_2$ 溶液中和未反应的 KMnO$_4$,分散液的颜色由棕褐色变为亮黄色;

(7)趁热过滤分散液,并用 0.5~0.75 L 稀盐酸(1:10 体积比)洗涤除去大部分的金属离子和酸根离子;

(8)将洗涤后的氧化石墨装入透析袋中,放入去离子水中透析 2~3 d,直至透析液显中性;

(9)最后将其放入真空干燥箱中,在 70℃条件下干燥 2 d,即得干燥的氧化石墨粉末。

5.2.3　氧化石墨烯(GEO)的制备

利用超声波仪对氧化石墨进行剥离制备氧化石墨烯:取以上制备得到的 0.4 g 氧化石墨烯粉末,加入 3 g 水和 100 g N,N-二甲基甲酰胺(DMF),超声分散 1.5 h。功率调为 1 000 W,整个超声过程时间设为 1.5 h。待超声完毕后,可以观察到体系中没有明显的墨绿色氧化石墨颗粒,整个体系变成棕褐色的溶胶状悬浮液,并且该悬浮液放置 3 个月以上也并不发生沉降。为了得到干燥的氧化石墨烯,将超声过后的溶胶状悬浮液放在真空干燥箱内,直至液体被蒸干,得到干燥的氧化石墨烯膜。

5.2.4　改性氧化石墨烯(MGEO)的制备

为了获得良好分散的纳米石墨烯/环氧丙烯酸基聚氨酯复合树脂,本书采用了硅烷偶联剂 MPS 对氧化石墨烯进行表面改性,使得改性后的氧化石墨烯具有亲油性,且使其表面具有反应性的不饱和双键,能够与丙烯酸类单体进行共聚,进行原位聚合后能更好地分散在聚氨酯体系中[20-21],流程图见图 5-1。

具体步骤如下：

(1)取 0.4 g 的氧化石墨烯粉末,加入 3 g 水和 100 g N,N-二甲基甲酰胺 (DMF),超声分散 1.5 h,得到氧化石墨烯分散液;

(2)用醋酸(或盐酸)将分散液 pH 值调到 3~5 之间;

(3)在 600 r/min 转速下,将 20 g(10%(质量分数))MPS 的 DMF 溶液滴加入氧化石墨烯分散液中,滴加时间为 1 h;

(4)接着将以上分散液加入烧瓶中,在 50℃ 下快速搅拌 12 h 后得到 123.4 g 的 MGEO 分散液(含 0.4 g 氧化石墨烯);

(5)最后将得到的分散液加入 200 g 的乙醇萃取未反应掉的硅烷偶联剂数次后,真空干燥得到 MGEO,再次加入 123 g DMF 超声分散后得到 MGEO 分散液。

5.2.5　还原改性氧化石墨烯(RMGEO)的制备

(1)取以上 123.4 g 的 MGEO 分散液,加入 160 g H_2O(H_2O：DMF 质量比 3：2),超声 30 min 后,缓慢加入 1.12 g $NaHSO_3$(10.8 mmol)和 20 g H_2O,接着超声 30 min($NaHSO_3$ 的加入量根据文献和氧化石墨表面的官能团数量来确定[22-23]);

(2)转移到 3 口烧瓶中,在 95℃ 条件下搅拌 3 h。用水洗涤 3 次,过滤除去反应生成的盐,再用 DMF 洗涤一次,最后将其分散在 52 g DMF 分散液中(含有 0.4 g 氧化石墨)。

5.2.6　原位聚合法制备改性石墨烯/环氧丙烯酸树脂(EPAc/RMGEO)

分别取以上 0 g,52 g,104 g,156 g DMF 分散液作为釜液(氧化石墨的添加量为单体总量的 0%,1%,2%,3%),加入 40 g 混合单体(ST/BA/HEMA/EA＝20.9/8.5/6.5 /4.1),加入 2% AIBN 引发剂和一定量的 DMF。在 80℃ 下反应 5 h 后得到 35% 固含的石墨烯/环氧丙烯酸树脂(EPAc/RMGEO),见图 5-1。

5.2.7　改性石墨烯/环氧丙烯酸基聚氨酯(EPUA/RMGEO)的制备

取以上的石墨烯/环氧丙烯酸树脂溶液,加入一定的 N3390 固化剂(NCO：OH 比例为 1.2：1)混合,固化后得到不同 RMGEO 含量的改性石墨烯/环氧丙烯酸基聚氨酯(EPUA/RMGEO)。

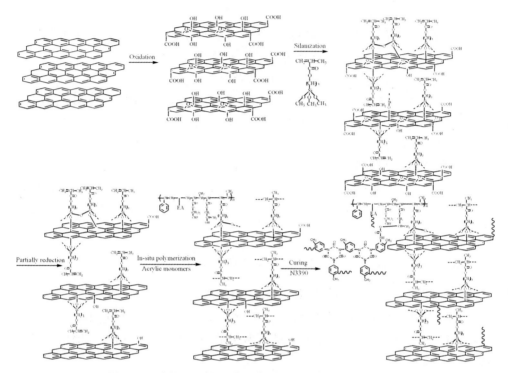

图 5-1　改性石墨烯/环氧丙烯酸基聚氨酯的制备流程图

5.3　测试与表征

5.3.1　傅立叶红外(FTIR)测试

取微量的石墨(Graphite)、氧化石墨烯(GEO)、改性氧化石墨烯(MGEO)和还原改性氧化石墨烯(RMGEO)等分别和溴化钾研磨压片,并在真空烘箱中80℃烘 24 h 后消除水和溶剂,然后采用傅里叶变换红外光谱分析仪进行测试。

5.3.2　X 射线衍射(XRD)测试

X 射线衍射(XRD)是利用 X 射线通过晶体时发生的衍射现象测试晶面间距、晶胞大小和类型等参数的测试手段。本书利用全自动 X 射线衍射仪(日本理学公司 D/max—ⅢA 型)测量石墨(Graphite)、氧化石墨(GO)、氧化石墨烯(GEO)、改性氧化石墨烯(MGEO)、还原改性氧化石墨烯(RMGEO)的晶面间距。首先将样品在真空干燥箱内 60℃烘 24 h,彻底干燥后将其磨细用于测试,X 射线衍射使用 Cu 靶做测试,波长 λ＝1.54 Å,测试扫描范围为 2°～65°。

5.3.3　X 射线光电子能谱(XPS)测试

取烘干后微量样品进行表面元素分析,采用 Kratos Axis Ultra (DLD)光电子能谱仪,使用 Al 靶 $K\alpha$＝1 253.6 eV,靶功率＝200 W,检测深度5～40 nm,采用污染碳 C_{1s} 的结合能 285.00 eV 进行定标。

5.3.4　扫描电镜(SEM)测试

将样品 Graphite,GO,GEO,MGEO,EPUA/1% RMGEO,EPUA/2% RMGEO,EPUA/3%RMGEO,EPUA/1%RMGEO(完全还原)放在样品台上,用离子溅射器对样品进行表面喷金处理,然后用荷兰飞利浦公司 FEI XL—30 ESEM 扫描电镜观察样品的表面形貌和结构。

5.3.5　透射电子显微镜(TEM)测试

将改性后的 GEO 和 MGEO 溶液用 DMF 分散后,滴在带有支持膜的纯碳网上,然后用荷兰飞利浦公司的 FEI—Tecnai 12 透射电子显微镜观察 GEO 和 MGEO 的形貌和结构等。

5.3.6　热重 TGA 分析

本书采用德国耐驰 STA499C 热重分析仪对石墨(Graphite)、氧化石墨烯(GEO)、改性氧化石墨烯(MGEO)、还原改性氧化石墨烯(RMGEO)、改性石墨烯/环氧丙烯酸基聚氨酯(EPUAc/RMGEO)进行热重测试其热分解温度,通过对比分析石墨改性产物和不同量的改性石墨烯添加到聚氨酯体系中的热降解性。样品测试前放置在真空干燥箱内 60℃烘 24 h,彻底干燥后将其磨细用于测试,样品质量为 8～10 mg,氮气氛围,升温范围 30～600℃,升温速率为 10℃/min。

5.4　结果与讨论

5.4.1　改性石墨烯的 FTIR 对比分析

通过红外分析表征石墨及其衍生物改性前后的分子官能团的变化。图

5-2 为石墨、氧化石墨烯、改性氧化石墨烯和还原改性石墨烯的红外光谱图。如图 5-2 所示,氧化前天然石墨的主要峰为 3 403 cm^{-1} 和 1 641 cm^{-1},这两个峰分别代表羟基和羰基的红外吸收峰,且峰的强度比较弱,说明天然石墨片层由于局部缺陷而含有这两种基团。与天然石墨不同的是,经 Hummers 方法处理过后的 GEO 不仅在 3 403 cm^{-1} 和 1 626 cm^{-1} 附近的吸收峰强度上有明显增强,在 3 403 cm^{-1} 处归结于石墨烯层表面上的羟基以及边缘处的羧基,在 1 626 cm^{-1} 处吸收峰归结于 GEO 中的 C═C 伸缩振动峰[24]。此外,还出现了些新的吸收峰,在 1 727 cm^{-1} 处归结于—COOH 中的 C═O 伸缩振动峰,在 1 413 cm^{-1} 处归结于 GEO 中 C—OH 中的 O—H 的弯曲振动峰,在 1 224 cm^{-1} 处归结于 GEO 中 C—O—C 结构中碳氧键的振动吸收,该峰的存在证明氧化过程在石墨烯片层中引入了环氧基团,在 1 074 cm^{-1} 处归结于 GEO 中 C—O 伸缩振动峰,这些结果与 Park 等[25-26]人报道的一致。GEO 通过 MPS 将其进一步改性后,得到的 MGEO 红外谱图中,在 2 920 cm^{-1} 和 2 850 cm^{-1} 出现的吸收峰分别为硅烷偶联剂分子中的—CH$_3$ 和—CH$_2$ 的伸缩振动峰,类似地,在 RMGEO 红外图中的 2 922 cm^{-1} 和 2 854 cm^{-1} 出现了—CH$_3$ 和—CH$_2$ 的伸缩振动峰,且在 MGEO 中 1 101 cm^{-1} 处和 RMGEO 中 1 114 cm^{-1} 处出现了 Si—O—C 的伸缩振动峰,说明硅烷偶联剂通过与 GEO 层表面上的羟基发生了缩合,成功地接枝到了 MGEO 中[27-28]。通过对比 MGEO 和 RMGEO 的红外谱图发现,在 3 403 cm^{-1} 处的羟基峰强度大大减弱,在 3 421 cm^{-1} 处的峰强度也大大减弱,说明 MGEO 中的含氧基团基本已经被 NaHSO$_3$ 还原了,从而得到 RMGEO。

5.4.2 改性石墨烯的 TGA 对比分析

图 5-3 为石墨、氧化石墨烯、改性氧化石墨烯和还原改性石墨烯的热重图,由图 5-3 可知,石墨在 800℃ 之前不会发生热降解。氧化石墨烯分别在 100℃ 和 200℃ 的位置有两个热失重峰,在 100℃ 附近的失重峰是由氧化石墨烯层间水分子的热失重引起的,在 200℃ 附近的失重峰是由含氧官能团的热分解引起的。TGA 得到氧化石墨烯中引入了约 30% 的含氧官能团,此数据与文献报道中的基本一致[29]。改性氧化石墨烯的热失重位置与氧化石墨烯类似,只是 100℃ 附近的水失重峰减小,说明氧化石墨烯改性后,亲油性增强,层间的水量减少。还原后的改性氧化石墨烯在 200℃ 的失重峰消失,在 300～600℃ 之间

出现一个连续的热失重峰,这个失重峰可能是氧化石墨烯表面受损的苯环结构开始缓慢分解引起的。

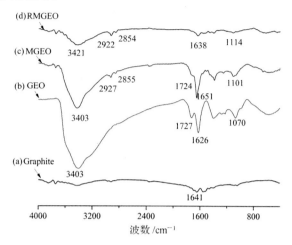

图 5-2　石墨(a),氧化石墨烯(b),改性氧化石墨烯(c)和还原改性石墨烯(d)红外光谱图

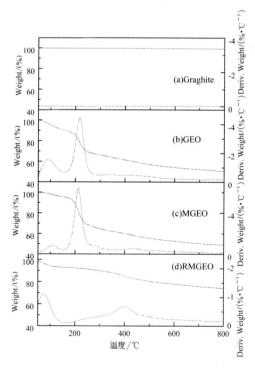

图 5-3　石墨(a),氧化石墨烯 (b),改性氧化石墨烯(c)和还原改性石墨烯(d)热重图

5.4.3 改性石墨烯的 XRD 衍射对比分析

当 X 射线照射到石墨或石墨衍生物物质内部时,物质内原子或离子被激发后产生散射,如果这些原子或离子沿某个方向有规则的排列,那么相应的散射也会在某些特定方向上增强,X 射线衍射分析就是利用这一原理来表征物质内部结构的。根据 XRD 衍射峰 2θ 角的大小,利用布拉格方程 $2d\sin\theta = n\lambda$,就可以知道规则排列原子间距的大小。

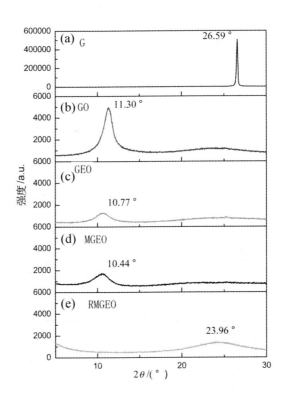

图 5-4 石墨(a),氧化石墨(b),氧化石墨烯(c),
改性氧化石墨烯(d)和还原改性石墨烯 (e)的 X 射线衍射谱图

图 5-4 为石墨、氧化石墨、氧化石墨烯、改性氧化石墨烯和还原改性石墨烯的 X 射线衍射谱图。由图 5-4 可知,天然石墨 Graphite(a)的 002 晶面衍射

角 $2\theta = 26.59°$,对应层间距 $d = 0.334\ 8$ nm,说明天然鳞片石墨是以 $0.334\ 8$ nm 间距的一层层石墨烯堆叠而成。经过氧化后,得到的氧化石墨 GO (b)样品出现新的衍射角 $2\theta = 11.30°$,对应层间距 $d = 0.782\ 1$ nm,原有石墨中的 $2\theta = 26.59°$ 衍射角消失,说明经过氧化后由于构成石墨的一层层石墨烯表面上发生氧化后生成了羧基、羟基和环氧基,由于分子空间体积效应使得氧化石墨中的石墨烯层间距扩大了二倍多,这就有利于下一步通过超声波作用克服层间范德华力剥离层层结构,形成氧化石墨烯 GEO(c)。经过超声波剥离后,衍射角从 $2\theta = 11.30°$ 减小至 $2\theta = 10.77°$,相应的氧化石墨烯层间距扩张至 $d = 0.821\ 0$ nm,氧化石墨烯再通过偶联剂 MPS 改性后得到改性氧化石墨烯 MGEO(c),衍射角进一步减小到 $2\theta = 10.44°$,层间距进一步扩张至 $d = 0.846\ 0$ nm,其原因是由于硅烷偶联剂分子水解产生的羟基与氧化石墨烯层表面上的羟基发生了缩合,使得硅烷偶联剂分子成功接枝到氧化石墨烯层表面上,由于硅烷偶联剂分子的空间体积效应,进一步扩张了改性石墨烯层的间距。经过还原剂 $NaHSO_3$ 完全还原后得到的还原改性石墨烯 RMGEO(d)的衍射角增大到 $2\theta = 23.96°$,层间距减小至 $d = 0.371\ 0$ nm,说明通过还原剂还原后已经将改性石墨烯表面上的羟基、羧基、环氧基团等还原。

5.4.4　改性石墨烯表面元素(XPS)对比分析

利用 XPS 元素分析对氧化石墨烯、改性氧化石墨烯和还原改性氧化石墨烯的元素种类及含量进行了定性和定量分析(见图 5-5)。由图 5-5 能谱图可知,GEO 含有碳和氧两种元素,MGEO 和 RMGEO 含有碳、氧和硅 3 种元素,说明 MPS 成功接枝到了 MGEO 和 RMGEO 的表面上。在 101.8 eV 结合能处归结于硅烷偶联剂部分水解产生的 S—OH,在 103.4 eV 结合能处归结于硅烷偶联剂水解后 Si—OH 与石墨烯表面上 C—OH 缩合产生的 Si—O—C,通过能谱图得出各元素的含量见表 5-2,GEO 经过偶联剂改性后从 GEO 的 C/O 比例为 1.78 上升至 2.59,其原因由于引入的硅烷偶联剂中的 C/O 比例较高。还原之后的 RMGEO 的 C/O 比例继续升至 8.57,其原因是由于含氧基团被还原后大大减少。

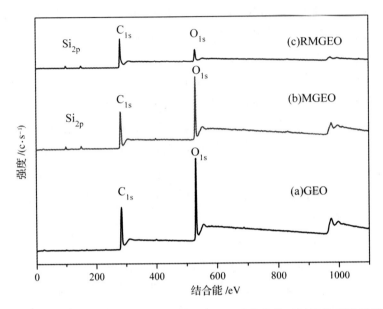

图 5-5　氧化石墨烯、改性氧化石墨烯和还原改性氧化石墨烯的 XPS 谱图

表 5-2　氧化石墨烯、改性氧化石墨烯、还原改性氧化石墨烯的 XPS 分析

样　品	元　素	质量百分比浓度/(%)	C/O 比例
GEO	C_{1s}	62.53	1.78
	O_{1s}	35.04	
MGEO	C_{1s}	66.50	2.59
	O_{1s}	25.63	
	Si_{2p}	5.15	
RMGO	C_{1s}	86.85	8.57
	O_{1s}	10.13	
	Si_{2p}	5.23	

　　为进一步分析 GEO,MGEO 和 RMGEO 中具体存在的化学键,将全局能

谱图进一步解析成 C_{1s} XPS 谱(见图 5 - 6)。从图 5 - 6 得知：GEO,MGEO 和 RMGEO 都存在 4 个峰,结合能为 284.6 eV 的第一个峰归属于石墨烯上的 sp^2 杂化 C = C[30-33],结合能在 286.6 eV 处的第二个峰代表石墨烯上的 C—OH 基团[34],结合能在 288.0 eV 处的第三个峰归属于石墨烯上的 C = O 基团[35],结合能在 288.9 eV 处的第四个峰归属于石墨烯上的—COOH 基团。从图 5 - 6 和碳能谱分布表 5 - 3 可以明显看出,MGEO 和 RMGEO 比 GEO 中的第一个峰(C = C)强度明显增强,因为引入的硅烷偶联剂中含有 C = C 键,且第二峰(C—O)和第三峰(C = O)明显减弱,表明改性后 MPS 与 GEO 表面上的—OH 发生反应,消耗了一部分—OH。相对于 GEO 中的第四个峰(O—C = O)而言,MGEO 中的第四个峰有所增强,RMGEO 中的第四个峰有所减弱。图 5 - 7 为 GEO 和 MGEO 的 Si_{2p} XPS 能谱图,从图中可以看出 MGEO 表面引入了 Si 元素。通过解析 MGEO 的 Si_{2p} XPS 谱(见图 5 - 8),可知结合能为 101.8 eV 处代表硅烷偶联剂中的—Si—O—C—,结合能为 103.4 eV 处代表由硅烷偶联剂中部分水解产生的—Si—O—Si—键。

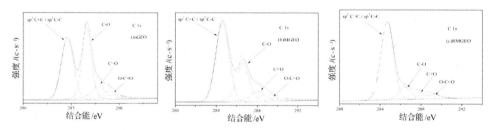

图 5 - 6　氧化石墨烯(a),改性氧化石墨烯(b)和还原石墨烯(c)的 C_{1s} XPS 谱图

表 5 - 3　氧化石墨烯,改性氧化石墨烯和还原石墨烯的碳能谱分布

结合能及能谱分布	284.6	286.6	288.0	288.9
	sp^2 C = C	C—O	C = O	O—C = O
GEO	39.27	38.03	14.30	8.40
MGEO	52.28	27.57	11.06	9.09
RMGEO	73.38	11.27	9.72	5.63

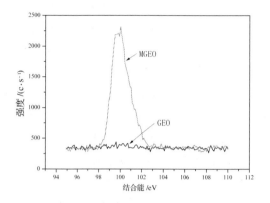
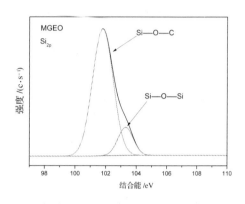

图 5-7　GEO 和 MGEO 的 Si_{2p} XPS 能谱图　　图 5-8　MGEO 中 Si_{2p} XPS 的 Si 分布图

5.4.5　石墨烯及其改性物的微观形貌分析

图 5-9 为天然鳞片石墨 SEM 图,其片层厚大且平整地叠放在一起,每个片状石墨是由数百万层石墨烯(0.335 nm)构成的[36],边界尺寸为 4~8.2 μm,天然石墨经 Hummers 法氧化后得到氧化石墨(见图 5-10),天然石墨经高温强氧化剂高锰酸钾和浓硫酸氧化后使得石墨的平整层状结构消失,变成了由沟壑状表面形貌的氧化石墨,氧化石墨沟壑状片层表面的沟壑间距约为 700 nm。氧化石墨沟壑状结构的形成是由于天然石墨氧化后表面形成了大量的含氧官能团的原因,通过前面的 XPS 分析已证实存在羧基、羟基和环氧基,这些官能团的存在破坏了石墨中碳原子完美的 sp^2 杂化轨道,取而代之的是在氧化石墨表面层中引入了这些基团的大量 sp^3 杂化轨道,由于 sp^3 杂化轨道不同处于一个平面上,及其基团之间存在范德华力等分子间作用力,使得氧化石墨存在沟壑状表面形貌。氧化石墨经超声剥离后形成氧化石墨烯(见图 5-11),经过超声剥离后氧化石墨烯片层表面形成了翘脊结构形貌,其褶皱程度比氧化石墨更加明显,翘脊间距缩小到约为 400 nm。氧化石墨烯经过 MPS 改性后得到改性氧化石墨烯(见图 5-12),其表层形成不规整的褶皱结构,褶皱间距约为 120 nm,其原因是由于氧化石墨烯表面接枝了 MPS 分子,XPS 硅谱分析证实了—Si—O—C,—Si—O—Si 的形成,以及通过红外和 TGA 分析证实其表面存在 MPS 分子,中等长度碳链的 MPS 分子引入至改性氧化石墨烯表层,构成了一定的分子空间位阻以及相应的分子间作用力,使得改性氧化石墨烯表层形成不规整的褶皱结构。为了进一步了解氧化石墨烯和改性氧化

石墨烯的片层厚度,采用了透射电镜观察其片层的厚度,图 5-13 和图 5-14
分别为氧化石墨烯和改性氧化石墨烯的透射电镜图。通过统计计算两者的平
均厚度分别为 9.7 nm 和 6.7 nm,说明两者都为由小于 10 层的石墨烯片层堆
叠而成。

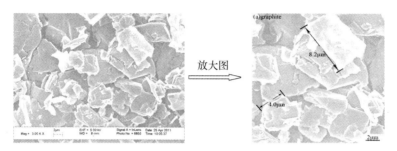

放大图

图 5-9　天然鳞片石墨的 SEM 图

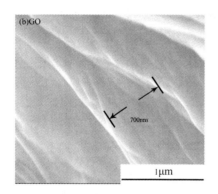

图 5-10　氧化石墨 SEM 图

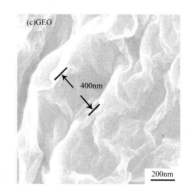

图 5-11　氧化石墨烯的 SEM 图

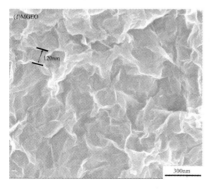

图 5-12　改性氧化石墨烯的 SEM 图

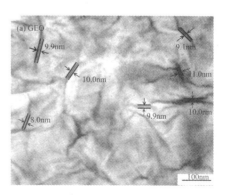

图 5-13　氧化石墨烯的 TEM

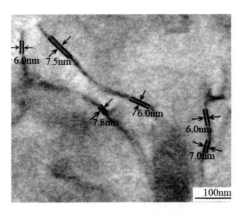

图 5-14 改性氧化石墨烯的 TEM 图

5.4.6 改性石墨烯/环氧丙烯酸基聚氨酯的断面微观形貌分析

改性石墨烯/环氧丙烯酸基聚氨酯的性能与改性石墨烯在纳米复合树脂基体中的分散情况息息相关。只有当改性石墨烯在改性石墨烯/环氧丙烯酸基聚氨酯中得到良好的分散,才能充分体现出复合树脂的理想性能。图5-15、图 5-16、图 5-17 分别为含部分还原的(XPS 结果测试还原率为 44.2％)1％ RMGEO,2％ RMGEO,3％ RMGEO 的改性石墨烯/环氧丙烯酸基聚氨酯 (EPUA/RMGEO)的 SEM 图,从图中发现添加 1％～3％(质量分数)的 RMGEO 至 EPUA/RMGEO 中,RMGEO 均能在树脂基体中很好地分散均一,其原因为部分还原的 RMGEO 表面接枝了含 C═C 的硅烷偶联剂,然后在部分还原的 RMGEO 也能很好地分散在溶液中进行原位溶液聚合,使得部分还原的 RMGEO 表面接枝了环氧丙烯酸大分子,部分还原的 RMGEO 能够很好地分散在环氧丙烯酸树脂溶液中,环氧丙烯酸大分子已经插层进入部分还原的 RMGEO 片层之间,固化后仍然能很好地分散在 EPUA/RMGEO 中。而完全还原的 1％ RMGEO 的改性石墨烯/环氧丙烯酸基聚氨酯的 SEM 图(见图 5-18)显示 RMGEO 不能很好地分散在 EPUA/RMGEO 中,不能清晰地看到片层之间的间隔,发生了严重的团聚现象,RMGEO 已经被包埋在树脂基体中,其原因为 RMGEO 被完全还原后尽管表面上存在含 C═C 的硅烷偶联剂,但是其表面上的—OH,—COOH 已经完全被还原,致使其不能很好地分散在 DMF 溶液中,进行原位溶液聚合时,丙烯酸类单体不能很好地进去其片层间,进行聚合接枝环氧丙烯酸大分子,致使完全还原的 RMGEO 不能被环氧丙烯酸大分子插层进去,RMGEO/环氧丙烯酸树脂溶液也存在团聚现象,因此,固化后完全还原的 RMGEO 在树脂基体中分布不均一。

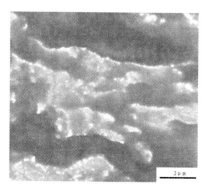

图 5 - 15 EPUA/1% RMGEO 聚氨酯的 SEM

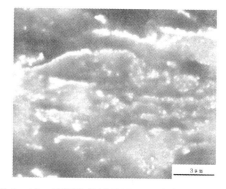

图 5 - 16 EPUA/2% RMGEO 聚氨酯的 SEM

图 5 - 17 EPUA/3% RMGEO 聚氨酯的 SEM

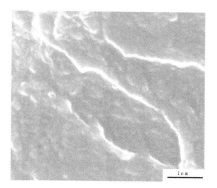

图 5 - 18 EPUA/1% RMGEO(完全还原) 聚氨酯的 SEM

5.4.7 不同改性石墨烯(RMGEO)添加量对 EPUA/RMGEO 耐热性能的影响

图 5 - 19 为不同 RMGE 含量的 EPUA/RMGEO 热重曲线图,由图中可知,随着 RMGEO 含量的增加,热失重曲线往高温方向偏移显著。从右侧的热失重特征温度对比图可以看出,随着 RMGEO 含量的增加,其热失重特征温度和 600℃ 剩余质量相应地增加。且由表 5 - 4 可知,当 EPUA/RMGEO 热失重质量分别为 5%,10%,15% 和 50% 时,添加 1%,2%,3% 的 RMGEO,相对于 EPUA 而言,EPUA/RMGEO 的 T_5 分别提高了 6.1℃,11.5℃,18.2℃,T_{10} 分

别提高了 11.2℃,16.6℃,25.8℃,T_{15}分别提高了 3.7℃,9.1℃,18.3℃,T_{50}分别提高了 11.2℃,21.6℃,29.8℃。以上数据说明:随着 RMGEO 添加量的增加,EPUA/RMGEO 的耐热性得到增强,其原因分析如下:TGA 分析得知石墨在 600℃之前热失重为 0%,部分还原的 RMGEO 在 600℃之前热失重约 10%,其主要为表面上的—OH 或—COOH 氧基团的热分解,在 RMGEO 引入至聚氨酯体系后,—OH 或—COOH 会与—NCO 反应生成—NHCOO—,形成了更多的氢键。更为重要的是,单层石墨烯为一个二度空间无限伸展的网状石墨烯平面,本实验制备得到 10 层以下的石墨烯层,RMGEO 在树脂基体中分散良好,且环氧丙烯酸树脂插层于 RMGEO 片层之间,形成了不同于 EPUA/SiO$_2$的有机无机杂化的空间交联网状结构(见图 5-20)。一方面增加了聚合物的交联密度和氢键作用力,且石墨烯片层阻隔作用提高了其空间热阻,因此,加入 RMGEO 有利于提高 EPUA/RMGEO 的耐热性。

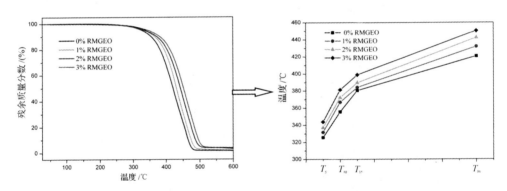

图 5-19 不同 RMGEO 含量的 EPUA/RMGEO 热重图

表 5-4 EPUA/RMGEO 的热降解特征温度

样品名称	T_{5a}/℃	T_{10b}/℃	T_{15c}/℃	T_{50d}/℃	剩余质量 600℃（%质量分数）
0%RMGEO	325.6	355.5	380.5	420.5	1.62%
1%RMGEO	331.7	366.7	384.2	431.7	2.34%
2%RMGEO	337.1	372.1	389.6	442.1	3.04%
3%RMGEO	343.8	381.3	398.8	450.3	4.08%

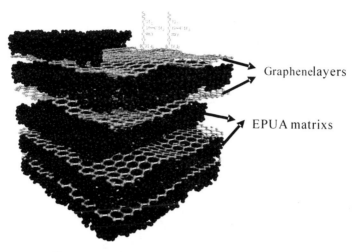

图 5 - 20　EPUA/RMGEO 交联网络结构模型图

5.4.8　不同改性石墨烯(RMGEO)添加量对涂膜性能的影响

表 5 - 5　改性石墨烯/环氧丙烯酸基聚氨酯的涂膜性能测试

树脂样品	柔韧性/mm	耐冲击性/J	铅笔硬度/H	附着力(等级)	耐水性	耐酸性	耐碱性
EPUA/RMGEO - 0%	3	2.45(25 cm)	3	2	3 d 内无变化	2.5 d 内无变化	2.5 d 内无变化
EPUA/RMGEO - 1%	2	3.43(35 cm)	6	0	2 月内不泛白,不脱落	2 月内不泛白,不脱落	2 月不泛白,不脱落
EPUA/RMGEO - 2%	3	4.12(42 cm)	6	1	3 月内不泛白,不脱落	3 月内不泛白,不脱落	3 月不泛白,不脱落
EPUA/RMGEO - 3%	4	4.41(45 cm)	6	2	4 月内不泛白,不脱落	3 月内不泛白,不脱落	3 月不泛白,不脱落

1. 不同 RMGEO 添加量对 EPUA/RMGEO 树脂膜柔韧性的影响

表 5 - 5 为改性石墨烯/环氧丙烯酸基聚氨酯的涂膜性能测试结果。由表 5 - 5 结果可知,加入 1% 的纳米 RMGEO 可以提高树脂膜的柔韧性能,其原因

可能是由于石墨烯片层在树脂基体中得到了良好的分散且呈现出各向异性分布特征,使得复合树脂受到弯曲时,外力负荷可以通过各向异性的石墨烯片层传到树脂基体的各个方向去,消除了应力集中,石墨烯起到了一定的增韧作用。但随着 RMGEO 的量增加至 2%～3% 时,EPUA/RMGEO 树脂膜出现下降趋势,可能也是当 RMGEO 超过一定量后,树脂基体相对量过少,RMGEO 在树脂中的分布过于密集,导致涂膜的脆性增加,柔韧性下降。

2. 不同 RMGEO 添加量对 EPUA/RMGEO 树脂膜耐冲击性的影响

由表 5-5 结果可知,当分别加入 0%,1%,2%,3% 的 RMGEO 时,EPUA/RMGEO 的耐冲击性能分别为 25 cm,35 cm,42 cm,45 cm。说明加入纳米 RMGEO 可以显著提高树脂膜的耐冲击性能。其原因是石墨烯以 SP^2 杂化轨道排列,δ 键赋予石墨烯极高的高强度、高模量等力学性能,Lee 等[37]通过原子力显微镜测量得到石墨烯的强度和模量分别为 125 GPa 和 1 100 GPa。由于石墨烯片层在树脂基体中得到了良好的分散,并呈现出各向异性分布特征,使得复合树脂在受到外力的冲击时,外力负荷可以通过各向异性的石墨烯片层传到树脂基体的各个方向去,消除了应力集中,石墨烯承担了增强骨架的作用。

3. 不同 RMGEO 添加量对 EPUA/RMGEO 树脂膜硬度的影响

由表 5-5 结果可知,随着 RMGEO 量(1%～3%)的增加,EPUA/RMGEO 树脂膜的硬度显著提升至 6 H,其原因是石墨烯具有极高的高强度、高模量等力学性能,且具有一般无机粒子的刚性,因树脂部分插层至各 RMGEO 片层中间,RMGEO 的加入使得树脂膜更加致密,EPUA/RMGEO 树脂膜的硬度得到显著提高。

4. 不同 RMGEO 添加量对 EPUA/RMGEO 树脂膜附着力的影响

由表 5-5 结果可知,加入 1% 的 RMGEO 可以提高 EPUA/RMGEO 树脂膜的附着力至 0 级,其原因可能是部分与底材接触的 RMGEO 表面上的羟基或羧基基团与底材表面上的羟基或羧基基团发生了化学反应或分子氢键作用,对膜的附着力有促进作用。但是,随着量 RMGEO 增大至 2%～3% 时,EPUA/RMGEO 树脂膜的附着力出现下降趋势,其可能是由于 RMGEO 增大到一定量后,与底材接触的基体树脂量过少,导致膜的附着力下降。

5. 不同 RMGEO 添加量对 EPUA/RMGEO 树脂膜耐水性的影响

由表 5-5 结果可知,加入 1%～3% 的 RMGEO 可以提高 EPUA/RMGEO 树脂膜的耐水性至 4 月内表面不发生泛白、起泡、脱落等现象。其原因可能是由于树脂部分插层至各 RMGEO 片层中间,RMGEO 在聚氨酯体系中各向异性的分布形成了空间网络结构,RMGEO 的加入使得树脂膜更加致密,以及石墨烯本身具有疏水作用,阻碍了水向 EPUA/RMGEO 聚氨酯体系的渗透与扩散,提高了树脂膜的耐水性能。

6. 不同 RMGEO 添加量对 EPUA/RMGEO 树脂膜耐酸碱性的影响

由表 5-5 结果可知,加入 1%～3% 的 RMGEO 可以提高 EPUA/RMGEO 树脂膜的耐酸碱性至 3 月内表面不发生泛白、起泡、脱落等现象。树脂膜的耐酸碱性一方面与树脂的分子结构和分子间作用力有关,另一方面与树脂分子空间排列紧密性相关。树脂在酸碱介质中的破坏过程是物理和化学作用的综合结果。酸碱介质分子通过渗透和扩散作用进去树脂膜空隙内,使得树脂溶胀或软化,同时酸碱介质分子促进树脂内大分子中的活泼基团发生水解反应,大分子链发生破坏或断裂,树脂表面发黏、模糊或软化,致使力学性能下降。同理,随 RMGEO 用量增加,形成具有空间网络结构的树脂膜更加致密,膜的内部交联密度增大,以及 RMGEO 的疏水作用,使得酸碱介质分子更难渗透和扩散进入树脂膜空隙内,减小活泼基团发生水解反应的程度,提高了 EPUA/RMGEO 树脂膜的耐酸碱性。

5.5　本章小结

(1)本章采用天然鳞片石墨为原料通过 Hummers 法制备氧化石墨,利用超声波剥离成氧化石墨烯,通过偶联剂 MPS 对氧化石墨烯进行表面改性,使得改性后的氧化石墨烯具有亲油性和反应性的不饱和双键,然后利用 $NaHSO_3$ 还原后再通过原位聚合法与环氧丙烯酸类单体进行共聚制备得到含 1%,2%,3% RMGEO 含量的 RMGEO/环氧丙烯酸树脂溶液,加入固化剂固化后得到 EPUA/RMGEO。

(2)分别通过 FTIR、XRD、XPS、TGA 等对石墨烯及其改性产物进行了表征,FTIR 结果显示在 GEO 表面出现了羟基峰、边缘处羧基峰、环氧基峰,MGEO 出现了 $C=C$、$-CH_3$、$-CH_2$、$Si-O-C$ 的特征峰,RMGEO 的羟基峰强度大大减弱,其含氧基团部分被 $NaHSO_3$ 还原。TGA 分析结果得知 GEO 中引入了约 30% 的含氧官能团,与文献报道的基本一致。XRD 结果显示 Graphite 对应的层间距为 0.334 8 nm($2\theta=26.59°$),经氧化后由于引入的羧基、羟基和环氧基分子空间体积效应使得 GO 的层间距扩张至 0.782 1 nm

$(2\theta=11.30°)$,通过超声剥离后 GEO 的层间距进一步扩张至 0.821 0 nm$(2\theta=10.77°)$,MPS 分子的空间体积效应进一步扩张了改性后的 MGEO 的层间距至 0.846 0 nm$(2\theta=10.44°)$。XPS 结果表明:由于引入的 MPS 中的 C/O 比例较高,GEO 的 C/O 比例为 1.78 上升至 MGEO 的 2.59,含氧基团被还原后大大减少后,RMGEO 的 C/O 比例升至 8.57,MGEO 在 103.4 eV 结合能处出现了 Si—O—C 能谱,说明 MPS 成功接枝至石墨烯的表面上。

(3)通过 SEM 观察了石墨烯及其改性产物的微观形貌,研究结果显示天然鳞片石墨为层状结构叠放在一起,边界尺寸为 $4\sim8.2\ \mu m$,经 Hummers 法氧化后得到的 GO,由于表面引入了含氧基团具有 sp^3 杂化轨道分子间作用力,使得表面变为了沟壑间距约为 700 nm 的沟壑状表面形貌。经过超声剥离后 GEO 表面形成了翘脊间距约为 400 nm 的翘脊状表面形貌,经 MPS 改性后得到的 MGEO,由于 MPS 分子空间位阻以及相应的分子间作用力,使得 MGEO 表面形成了不规整的褶皱间距约为 120 nm 的褶皱状表面形貌。通过 TEM 观察到 GEO 和 MGEO 的片层厚度分别为 9.7 nm 和 6.7 nm,两者都为由小于 10 层的石墨烯片层堆叠而成。通过 SEM 观察还原率为 44.2% 的含 1% RMGEO,2% RMGEO,3% RMGEO 的 EPUA/RMGEO 断面微观形貌,结果证明 RMGEO 均能在树脂基体中很好地分散均一,环氧丙烯酸大分子已经插层进入部分还原的 RMGEO 片层之间,而完全还原的含 1% RMGEO 的 EPUA/RMGEO 发生了严重的团聚现象。

(4)通过 TGA 分析了不同改性石墨烯(RMGEO)添加量对 EPUA/RMGEO 耐热性能的影响,结果显示:相对于 EPUA 而言,EPUA/RMGEO 的 T_5 分别提高了 6.1℃,11.5℃,18.2℃,T_{10} 分别提高了 11.2℃,16.6℃,25.8℃。T_{15} 分别提高了 3.7℃,9.1℃,18.3℃,T_{50} 分别提高了 11.2℃,21.6℃,29.8℃。随着 RMGEO 含量的增加,形成不同于 EPUA/SiO₂ 的有机无机杂化空间交联网状结构的交联密度和氢键作用力增加,片层结构的石墨烯阻隔作用提高了其空间热阻,需要更多的热能才能使得聚合物化学键断链,其耐热性得到提高。

通过 EPUA/RMGEO 的涂膜性能测试考察了不同 RMGEO 添加量对柔韧性、耐冲击性、表面硬度、附着力、耐水性、耐酸碱性的影响。结果表明 EPUA/RMGEO 涂膜的柔韧性和附着力随着 RMGEO 添加量的增加呈现先上升后下降的趋势,1% 的添加量有助于提升柔韧性和附着力。随着 RMGEO 添加量的增加,耐冲击性、表面硬度、耐水性和耐酸碱性都得到提高,尤其耐水性和耐酸碱性较为显著,表面硬度达到了 6 H,耐水性和耐酸碱性 3 个月内不发生褪色或脱落现象。

参 考 文 献

[1]　Novoselov K S,Geim A K,Morozov S V,et al. Electric field effect in atomically thin carbon films [J]. Science,2004,306:666-669.

[2]　Meyer J C,Geim A K,Katsnelson M I,et al. The structure of suspended grapheme sheets [J]. Nature,2007,446:60-63.

[3]　Castro E V,Novoselov K S,Morozov S V,et al. Biased bilayer graphene: semiconductor with a gap tunable by the electric field effect [J]. Physical Review Letters,2007,99: 216802-216806.

[4]　Kim H,Abdala A A,Macosko C W. Graphene/polymer nanocomposites [J]. Macromolecules,2010,43(16):6515-6545.

[5]　Soldano C,Mahmood A,Dujardin E. Production,properties and potential of graphene [J]. Carbon,2010,48(8):2127-2177.

[6]　Dreyer D R,Park S J,Bielawski C W,et al. The chemistry of graphene oxide [J]. Chemical Society Reviews,2010,39:228-268.

[7]　Kuilla T,Bhadra S,Yao D H,et al. Recent advances in graphene based polymer composites[J]. Progress in Polymer Science,2010,35(11):1350-1425.

[8]　Stankovich S,Dikin D A,Dommett G H B,et al. Graphene-based composite materials [J]. Nano Letters,2006,442:282-288.

[9]　Wang G X,Shen X P,Wang B,et al. Synthesis and characterization of hydrophilic and organophilic graphene nanosheets [J]. Carbon,2009,47(5):1359-1423.

[10]　Nagashima A,Itoh H,Ichinokawa T,et al. Change in the electronic states of graphite overlayers depending on thickness [J]. Physical Review B,1994,50:4756-4763.

[11]　Steurer P,Wissert R,Thomann R,et al. Functionalized graphenes and thermoplastic nanocomposites based upon expanded graphite oxide [J]. Macromolecular Rapid Communications,2009,30:316-327.

[12]　　Kim H，Kobayashi S，AbdurRahim M A，et al. Graphene/ polyethylene nanocomposites：Effect of polyethylene functionalization and blending methods [J]. Polymer，2011，52 (8)：1837－1846.

[13]　　Li W J，Tang X Z，Zhang H B，et al. Simultaneous surface functionalization and reduction of graphene oxide with octadecylamine for electrically conductive polystyrene composites [J]. Carbon，2011，49(14)：4724－4730.

[14]　　Tang X Z，Li W J，Yu Z Z，et al. Enhanced thermal stability in graphene oxide covalently functionalized with 2 － amino － 4，6 － didodecylamino － 1，3，5 － triazine [J]. Carbon，2011，49 (4)：1258－1265.

[15]　　Stankovich S，Dikin D A，Piner R D，et al. Synthesis of graphene-based nanosheets via chemical reduction of exfoliated graphite oxide [J]. Carbon，2007，45(7)：1558－1623.

[16]　　Geng Y，Wang S J，Kim J K. Preparation of graphite nanoplatelets and graphene sheets [J]. Journal of Colloid and Interface Science，2009，336(2)：592－560.

[17]　　Kuila T，Bose S，Hong C E，et al. Preparation of functionalized graphene/linear low density polyethylene composites by a solution mixing method [J]. Carbon，2011，49 (3)：1033－1040.

[18]　　Pramoda K P，Hussain H，Koh H M，et al. Covalent bonded polymer-graphene nanocomposites [J] Journal of Polymer Science，Part A：Polymer Chemistry，2010，48(19)：4262－4267 .

[19]　　Hummers W S，Richard J，Offeman R E. Preparation of graphite oxide [J]. Journal of the American Chemical Society，1958，80(6)：1339－1348.

[20]　　Hou S F，Su S J，Kasner M L. Formation of highly stable dispersions of silane-functionalized reduced graphene oxide [J]. Chemical Physics Letters，2010，501：68－74.

[21]　　Yang H F，Li F H，Shan C S. Covalent functionalization of chemically converted graphene sheets via silane and its reinforcement [J]. Journal of Materials Chemistry，2009，19：4632－4638.

[22] Zhou T N, Chen F, Liu K. A simple and efficient method to prepare graphene by reduction of graphite oxide with sodium hydrosulfite [J]. Nanotechnology, 2011, 22, 045704 - 045710.

[23] Bourlinos A B, Gournis D, Petridis D, et al. Graphite oxide: chemical reduction to graphite and surface modification with primary aliphatic amines and amino acids [J]. Langmuir, 2003, 19(15): 6050 - 6055.

[24] Lerf A, He H Y, Forster M, et al. Structure of graphite oxide revisited [J]. Journal of Physical Chemistry B, 1998, 102(23): 4477 - 4482.

[25] Park S, Lee K S, Bozoklu G, et al. Graphene oxide papers modified by divalentions-enhancing mechanical properties via chemical cross-linking [J]. ACS Nano, 2008, 2(3):572 - 578.

[26] Park S, Dikin D A, Nguyen S T, et al. Graphene oxide sheets chemically cross-linked by polyallylamine [J]. Journal of Physical Chemistry C, 2009, 113(36):15801 - 15804.

[27] Hou S F, Su S J, Kasner M L, et al. Formation of highly stable dispersions of silane-functionalized reduced graphene oxide [J]. Chemical Physics Letters, 2010, 501:68 - 74.

[28] Hemraj-Benny T, Wong S S. Silylation of single-walled carbon nanotubes [J]. Chemistry of Materials, 2006, 18 (20): 4827 - 4839.

[29] Niyogi S, Bekyarova E, Itkis M E. Solution Properties of Graphite and Graphene [J]. Journal of the American Chemical Society, 2006, 128: 7720 - 7721.

[30] Yan J, Wei T, Shao B, et al. Electrochemical properties of graphene nanosheet/carbon black composites as electrodes for supercapacitors [J]. Carbon, 2010, 48:1731 - 1737.

[31] Shen W Z, Li Z J, Liu Y H. Surface chemical functional groups modification of porous carbon [J]. Recent Patents on Chemical Engineering, 2008, 1:27 - 40.

[32] Okpalugo T I T, Papakonstantinou P, Murphy H, et al. High resolution XPS characterization of chemical functionalized MWCNTs and SWCNTs [J]. Carbon, 2005, 43: 153 - 161.

[33] Wang S J, Geng Y, Zheng Q B, et al. Fabrication of highly conducting and transparent graphene films [J]. Carbon, 2010, 48:1815 – 1823.

[34] Bose S, Kuila T, Uddin M E, et al. In-situ synthesis and characterization of electrically conductive polypyrrole/graphene nanocomposites [J]. Polymer, 2010, 51: 5921 – 5928.

[35] Paredes J I, Villar-Rodil S, Martinez-Alonso A, et al. Graphene oxide dispersions in organic solvents [J]. Langmuir, 2008, 24 (19): 10560 – 10564.

[36] McAllister M J, Li J L, Adamson D H, et al. Single sheet functionalized graphene by oxidation and thermal expansion of graphite [J]. Chemistry of Materials, 2007, 19 (18): 4396 – 4404.

[37] Lee C G, Wei X D, Kysar J W, et al, Measurement of the elastic properties and intrinsic strength of monolayer grapheme [J]. Science, 2008, 321:385 – 388.

第6章 IMD 油墨的制备及其固化动力学和性能的研究

6.1 引　言

在第 2,4,5 章中,我们分别制备得到了酚醛环氧基聚氨酯(EPU - 10,EPU -20,EPU - 40,EPU - 60,EPU - 80,EPU - 100),纳米 SiO_2/环氧丙烯酸基聚氨酯(EPUA/SiO_2(0%),EPUA/SiO_2(1%),EPUA/SiO_2(3%),EPUA/SiO_2(5%)),纳米石墨烯/环氧丙烯酸基聚氨酯(EPUA/RMGEO(0%),EPUA/RMGEO(1%),EPUA/RMGEO(2%),EPUA/RMGEO(3%)),并介绍了以上 3 种树脂的耐热性以及涂膜性能。本章将选用以上 3 种树脂为主体连接料,钛白或炭黑等为颜料,配置成固含量为 25%～35%(质量分数)的三种 IMD 油墨。通过 DSC 技术研究多组分聚氨酯体系的固化动力学,求得固化动力学参数,为 IMD 油墨生产工艺提供理论参考。最后将配制成的 IMD 油墨进行涂膜性能等测试,考察 IMD 油墨的表面硬度、柔韧性、耐冲击性、附着力、耐水性、耐酸碱性、耐 300℃温变性是否满足 IMD 油墨的性能要求。IMD 油墨性能要求:表面硬度 5 H,柔韧性 3 mm,附着力 1 级,耐冲击性 40 cm,耐水性 1周,耐酸碱性 3 d,耐热 300℃ 1 min。

6.2 IMD 产品工艺流程

IMD 技术是将已印刷好油墨图案的薄膜片放入金属模具内,将成型用的塑料树脂注入金属模具内与薄膜片接合,使印刷有图案的膜片与树脂形成一体而固化成产品的一种成型方法。该工艺具有表面耐腐蚀、耐磨、不脱落、色彩鲜艳、颜色图案可随时更换、表面装饰效果极佳等优点,广泛应用于手机、MP3、家电、仪器仪表等塑料产品的表面装饰(见图 6－1)。IMD 工艺流程主要有以下几部分:油墨和印刷技术、成型工艺、冲床和切割、背部注塑。每个过程既独立,又相互紧密连接。工艺的选择包括根据产品要求选择适当的片材的材质,油墨的类型,印刷的方式和干燥方式[1]。

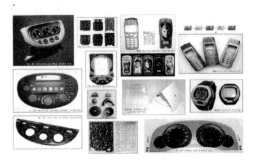

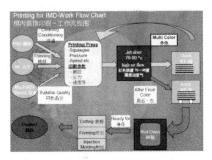

图 6-1　IMD 产品图　　　　　图 6-2　IMD 产品制造流程图

IMD 产品制造流程如图 6-2 所示,其过程如下[2]:

(1)胶片的输出和制版:根据产品表面图文的要求选择合适类型的网版。

(2)印刷:油墨充分搅拌,取适量的油墨,加入一定比例的适量稀释剂后印刷在一层厚度约 0.18 mm 的薄膜上(材质为 PC 或 PET),影响油墨印刷的参数主要有网版质量、刮刀速度及硬度等,IMD 油墨印刷设备见图 6-3。

(3)干燥方式和条件:①三段式干燥(第一段为 70℃,第二段为 70~90℃,第三段为室温,传送带的速度为 3~7 m/min)。②后补干燥:放在凉架上置入烘箱中干燥,烘箱空气流通及空气交换良好,温度为 70~90℃,时间为 1~5 h,得到固化完全的油墨薄膜层。

注塑成型:将已印刷好油墨图案的薄膜片放入金属模具内,将成型用的树脂注入金属模具内与薄膜片接合,使印刷有图案的膜片与树脂形成一体而固化成产品,热注塑示意图及成型设备见图 6-4 及图 6-5。

图 6-3　全自动卷取 IMD 油墨印刷设备　　　图 6-4　IMD 产品注塑成型设备

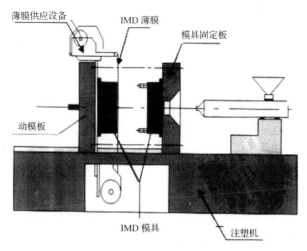

薄膜供应设备　IMD 薄膜　模具固定板　动模板　IMD 模具　注塑机

图 6-5　IMD 注塑成型示意图

6.3　IMD 油墨配方的研究

6.3.1　主要原料与仪器

实验原料及仪器规格见表 6-1。

表 6-1　实验原料及仪器规格

原料或仪器名称	规　　格	生产厂家
苯甲酸改性酚醛环氧树脂	—	自制
纳米 SiO_2/环氧丙烯酸树脂	—	自制
纳米石墨烯/环氧丙烯酸树脂	—	自制
固化剂 N3390	NCO%（19.6%）	拜耳德士模都
邻苯二甲酸酐	固体	国药集团试剂厂
乙酸乙酯	化学纯（CP）	广东光华化学厂有限公司
丁酮	化学纯（CP）	广东光华化学厂有限公司
炭黑	高色素	德国德固赛有限公司
钛白粉	R902	德国德固赛有限公司
差示扫描量热测试仪	DSC 204	德国耐驰公司

6.3.2　连接料的选择

连接料的选用对于油墨的性能至关重要,连接料主要由单一或混合树脂构成,为此,树脂的种类和分子结构决定了油墨的性能。IMD 油墨产品的性能要求树脂需要耐热性、抗冲击性、柔韧性、耐水和耐酸碱性等。本章分别选用前几章制备得到的酚醛环氧基聚氨酯、纳米 SiO_2/环氧丙烯酸基聚氨酯、改性石墨烯/环氧丙烯酸基聚氨酯做为 IMD 油墨的连接料,并考察其对 IMD 油墨性能的影响。

6.3.3　颜料的选择

颜料常以粉状聚集体的形态出售,颜料固体粒子有 3 种结构形态[3]:①原生粒子,单个颜料晶体或一组晶体构成,其粒径相当小;②颜料粒子的凝聚体,以面相连接的原生粒子团,这种抱团的颜料粒子的凝聚体,其比表面积比其单个粒子组成之和小得多,大大降低了系统的自由能,是一个自发形成的过程,对这种颜料粒子的凝聚体进行粉碎、分散是很困难的,生产油墨的过程通常是对这种颜料粒子的凝聚体,加外力对其强力粉碎分散;③附聚体。以点、角相接的原生粒子团,其总表面积比颜料粒子的凝聚体大,但小于单个原生粒子组成的表面积之和,再分散比较容易。由于表面能的原因,细小的颜料颗粒常常凝聚在一起,根据 IMD 油墨产品的生产和使用需要,要求其粒径在微米以下,需要对颜料进一步研磨加工,使有机颜料成为精细的初级(原生)粒子或更小的聚集体。为此,需要采用精磨机对颜料进行研磨分散,使得粒径变小和在连接料溶液体系中分散均一。颜料在连接料中的有效分散可使油墨性质在以下诸方面得到提高或改性。①提高着色力,特别是经白色颜料的冲淡后;②改变色调;③增加透明性;④增加光泽性;⑤增加黏度;⑥减小颜料的临界体积浓度。

颜料在连接料中的分散过程达到以下 4 个目的:①解聚:通过外界的机械力将颜料聚集体打碎从而达到减小颗粒度的目的。②润湿:有机颜料的颗粒表面被连接料所润湿。③分散:经润湿的颜料分散到整个连接料体系中。④稳定:有效地防止颜料固体颗粒的再聚集或絮凝。

6.3.4　主要助剂的选择

综上所述,颜料分散是油墨制造的关键环节。把颜料粉碎成细小的颗粒,均匀地分布在连接料中,并且得到一个稳定的能够长期保存悬浮体是颜料分散好坏的关键。颜料分散的好坏与颜料、树脂、溶剂、润湿分散剂四者的性质及其相互的作用有关。颜料的分散一般认为有润湿、粉碎、稳定 3 个相关过程。润湿是指用树脂或添加剂取代颜料表面上的吸附物如空气、水等,即固/气界面转变为固/液界面的过程;粉碎是指用机械力把凝聚的二次团聚粒子分散成接近一次粒子的细小粒子,构成悬浮分散体;稳定指的是形成的悬浮分散体在无外力作用下,仍能处于分散悬浮状。

　　润湿分散剂一般为表面活性剂。润湿分散剂主要是在颜料颗粒与油墨连接料的界面处发挥作用,润湿分散剂会在该界面产生吸附层,该吸附层覆盖在颜料颗粒的表面,改变颜料颗粒的表面自由能和表面性质,当润湿分散剂的非极性基吸附在颜料颗粒上时,极性基向外位于连接料中,该颜料颗粒将由亲油性改变成亲水性,反之,如果疏水基向外,则颜料颗粒表面变为疏水性表面。由于油性体系中颜料粒子的分散稳定主要靠空间位阻力抗衡粒子间的范德华吸引力来达到分散稳定的目的。①润湿分散剂在颜料表面形成的吸附层越厚越好。分散链节要有足够的长度(5~10 nm),这样就能在大约 2 倍链长的距离处排斥力超过吸引力。②润湿分散剂被吸附在颜料表面的部分,在溶剂中不溶为好,而伸张在溶剂中的自由链节越溶越好,被吸附部分与溶剂相溶性太好,容易导致颜料粒子表面吸附的聚合物润湿分散剂被溶剂置换,而分散链节不溶则容易导致颜料粒子的浓缩,影响其分散效果。③聚合物润湿分散剂应具有较多的活性吸附点,使其能在颜料粒子表面形成牢固的吸附。在润湿分散剂、颜料和溶剂确定后,下一步必须确定润湿分散剂和颜料的用量。一般根据颜料比表面积的大小,设定添加量,比表面积大的颜料,润湿分散剂用量相应地多些。用量不足时,颜料表面不能被有效覆盖,达不到稳定的效果。但用量过多,会在油墨内形成胶束,影响墨膜性能。可以通过固定颜料用量,在一定的范围内改变润湿分散剂的用量,测定体系的黏度来确定润湿分散剂的用量[3]。除了润湿分散剂外,根据油墨体系的实际需要,有时候需要添加少量的快干剂、附着力促进剂、消泡剂、流平剂等。

6.3.5　IMD 油墨的配置

　　树脂分别选用前几章制备得到的苯甲酸改性酚醛环氧树脂(MEP - 10,MEP - 20,MEP - 40,MEP - 60,MEP - 80,MEP - 100),纳米 SiO_2/环氧丙烯

酸树脂(EPAc/SiO$_2$(0%),EPAc/SiO$_2$(1%),EPAc/SiO$_2$(3%),EPAc/SiO$_2$(5%)),纳米石墨烯/环氧丙烯酸树脂(EPAc/RMGEO(0%),EPAc/RMGEO(1%),EPAc/RMGEO(2%),EPAc/RMGEO(3%)),和固化剂(N3390 和邻苯二甲酸酐)为主体连接料(20%~30%),松香酚醛树脂 2104 为快干剂(1%~2%),氯化聚丙烯为附着力促进剂(0.5%~1%),钛白或炭黑等为颜料(5%~10%),润湿分散剂 BYK163(0.5%~1%),流平剂 BK－306(0.1%~0.2%),消泡剂 BYK－141(0.1%~0.2%),乙酸乙酯和丁酮为溶剂,固含量为 25%~35%。按照配比,将颜料、50%的树脂、润湿分散剂、溶剂混合后,利用日本三菱精磨机对其研磨分散 1h 后得到色浆,然后加入剩余 50%的树脂、快干剂、附着力促进剂、流平剂、消泡剂、固化剂、溶剂等混合搅拌均匀后得到 IMD 油墨。

6.4　固化动力学研究

聚氨酯的固化程度和固化工艺对其性能具有很大的影响[4-6]。为此,研究其固化动力学对生产具有重要的意义。差示扫描量热 DSC 技术常用来研究各种热固性树脂的固化动力学[7-19],本节通过研究聚氨酯树脂的固化动力学,为 IMD 油墨生产工艺提供理论参考。选用羟基丙烯酸树脂 A450、聚酯树脂 RD181、松香酚醛树脂 2104 和固化剂 N3390,测定含—OH 和—NCO 的聚氨酯体系 A450/RD181/2104/N3390 的固化动力学参数如活化能、反应速率常数、固化程度等。通过德国耐驰公司的常规差示扫描量热仪 DSC204F1,测定不同加热速率下的热流速率 dH/dt 与时间的关系图,结合一定的固化动力学方法求解出固化动力学参数。

6.4.1　固化动力学方法

热固性聚合物固化的 DSC 技术应用有一基本假设:动力学过程的速率 dα/dt 正比于所测得的热流量 ΔH_t[20]。因此动力学反应速率方程可以表示为

$$\mathrm{d}\alpha/\mathrm{d}t = \frac{\mathrm{d}H/\mathrm{d}t}{\Delta H_t} = k(T)f(\alpha) \qquad (6-1)$$

式中　$f(\alpha)$——相关的动力学模型函数;

　　　$k(T)$——与温度有关的反应速率常数,随温度变化而变化的,可以用

Arrhenius 方程表示为

$$k(T) = A\exp(-E_a/RT) \tag{6-2}$$

式中　A—— 频率因子(或指前因子);

　　　E_a—— 表观活化能;

　　　R—— 气体常数;

　　　T—— 反应时的绝对温度;

　　A, E_a—— 不随温度、转化率变化的常数。

固化反应动力学的参数变量 E_a 可以通过测定多个升温速率下的放热峰温度,用多重升温速率的方法估计出来,E_a 值的测定有 The Kissinger,Flynn-Wall-Ozawa,Ozawa method 等方法[21],包括:第一,Kissinger 提出的最大反应速率的方法,这一方法是基于峰顶温度 T_p 与升温速率有关这一事实;第二,Flyrm-Wall 和 Ozawat 提出的同等变换方法,这一方法是基于不同升温速率和不同温度下可以达到同等变换这一事实。

1. The Kissinger 方法[22]

假设在热分析曲线峰顶处的反应速率最大,则有

$$\frac{\mathrm{d}}{\mathrm{d}T}\left(\frac{\mathrm{d}\alpha}{\mathrm{d}T}\right)\Big|_{T-T_p}, \quad \alpha = \alpha_p = 0 \tag{6-3}$$

对方程求导后,代入方程,整理得

$$\frac{E\beta}{RT_p^2} = An(1-\alpha_p)^{n-1}e^{-E/RT_p} \tag{6-4}$$

Kissinger 证明了 $n(1-\alpha)^{n-1}$ 与 β 无关,并且进一步证明了 $n(1-\alpha)^{n-1} \approx 1$,故得

$$\frac{E\beta}{RT_p^2} \approx Ae^{-E/RT_p} \tag{6-5}$$

整理方程,并对两边取对数得

$$\ln\left(\frac{\beta}{T_p^2}\right) = \ln\left(\frac{AR}{E_a}\right) - \frac{E_a}{RT_p} \tag{6-6}$$

这就是著名的 Kissinger 方程。该法是由 4 条以上 DSC 曲线的峰顶温度 T_p 与升温速率 β 的关系式,按此方程求得动力学参数。由 $\ln(\beta/T_{p2}) \sim 1/T_p$ 作图,得到一条斜率为 $-E/R$ 的直线,即可求得表观活化能,再由截距 $\ln(AR/E)$ 求出表观指前因子 A。

2. Flynn-Wall-Ozawa 法

Flynn-Wall-Ozawa 法求解热分解动力学参数，是常用的一种积分方法[23]，不需要知道热分解机理，也不需要引入热失重微分数据。将式(6-5)分离变量然后积分可得

$$g(X) = \int_{X_0}^{X_p} \frac{\mathrm{d}X}{f(X)} = \frac{A}{\beta} \int_{T_0}^{T_p} \exp(-E/RT)\mathrm{d}T \qquad (6-7)$$

如果设定 $x = E/RT$，并且将式(6-7)的右侧积分可得

$$\frac{A}{\beta} \int_{T_0}^{T_p} \exp(-E/RT)\mathrm{d}T = \frac{AE}{\beta R} p(x) \qquad (6-8)$$

把式(6-8)代入式(6-7)中，然后取对数可得

$$\lg\beta = \lg \frac{AE}{g(X)R} + \lg p(x) \qquad (6-9)$$

式中，$p(x) = (\mathrm{e}^{-x}/x^2) \sum_{n=1} (-1)^{n-1} (n!\ x^{n-1})$，而 $g(X)$ 也是分解度的函数。当 $20 \leqslant x \leqslant 60$ 时，利用 Doyle 近似，$p(x)$ 可以近似表示为

$$\lg p(x) \approx -2.315 - 0.456\,7x \qquad (6-10)$$

把式(6-10)代入式(6-9)中可得

$$\lg\beta = \lg \frac{AE}{g(X)R} - 2.315 - \frac{0.456\,7E}{RT} \qquad (6-11)$$

由式(6-11)可知，当 X 为一固定值时，$g(x)$ 的值也一定，在不同的升温速率下，绘制至少 4 条不同升温速率下的热失重曲线 $\lg\beta - 1/T$ 是一条直线。热分解活化能可以从该直线的斜率 $\dfrac{\mathrm{d}(\lg\beta)}{\mathrm{d}\left(\dfrac{1}{T}\right)} = -0.456\,7 \dfrac{E_a}{R}$ 求得。

3. Ozawa 方法[24]

动力学方程式可写为

$$\frac{\mathrm{d}\alpha}{\mathrm{d}T} = \frac{A}{\beta} \mathrm{e}^{-E/RT} f(a) \qquad (6-12)$$

分离变量后进行积分得

$$\int_0^a \frac{\mathrm{d}\alpha}{f(a)} = \frac{A}{\beta} \int_{T_0}^{T} \mathrm{e}^{-E/RT} \mathrm{d}T \qquad (6-13)$$

其中 T_0 为反应起始温度，因低温下反应速率很小，可以忽略不计，因此可以得到

$$\int_{T_0}^{T} e^{-E/RT} dT = \int_{0}^{T} e^{-E/RT} dT$$

令
$$F(\alpha) = \int_{0}^{a} \frac{d\alpha}{f(a)}, \quad Y = E/RT \qquad (6-14)$$

将两边积分可得

$$F(\alpha) = \frac{AE}{\beta R} \left[\frac{e^{-Y}}{Y} - \int_{Y}^{\infty} \frac{e^{-Y}}{Y} dY \right] \qquad (6-15)$$

令
$$F(\alpha) = \frac{AE}{\beta R} P(Y)$$

可得

$$P(Y) = \frac{e^{-Y}}{Y} - \int_{Y}^{\infty} \frac{e^{-Y}}{Y} dY \qquad (6-16)$$

式(6-16)通常称为 P 函数,在动力学分析中经常采用 P 函数的级数展开式,在一定的 Y 值范围内,$P(Y)$ 已有表可查。当 $20 \leqslant P \leqslant 60$ 时,得

$$\lg P(Y) \approx -2.315 - 0.456\ 7 \frac{E}{RT} \qquad (6-17)$$

即 $\lg P(Y)$ 是 $1/T$ 的线性函数。将式(6-15)取对数并与式(6-17)联立后得

$$\lg \beta = \frac{1}{2.303} \ln \beta = \lg \left[\frac{AE}{RF(\alpha)} \right] - 2.315 - 0.456\ 7 \frac{E}{RT} \qquad (6-18)$$

两边求微分,故得

$$\frac{d(-\ln \beta)}{d(1/T_p)} = \frac{1.052E}{R} \qquad (6-19)$$

利用此关系式,将 $\ln \beta$ 对 $1/T$ 作图,可得一条斜率为 $-1.025E/R$ 的直线,进而计算出反应的活化能。

6.4.2　固化动力学参数的测定

分别测定了混合树脂在升温速率为 5℃/min,10℃/min,15℃/min,20℃/min 时的 DSC 曲线,图 6-6 为 A450/RD181/2104/N3390 体系的不同升温速率下热焓与温度之间的关系曲线。从图中可知,在很大的温度范围里都存在一个放热反应,随着升温速率的增加,各曲线固化反应放热峰逐步变得尖锐,放热峰向高温方向偏移,且固化反应的峰顶温度随着升温速率的增加而增加,此现象与 Liu 等[25] 报道的结果相符。

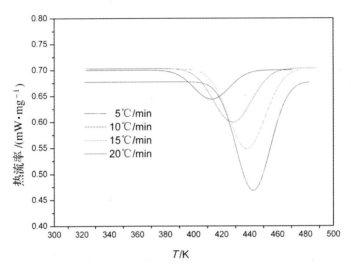

图 6 - 6   A450/RD181/2104/N3390 聚氨酯体系不同升温速率下的 DSC 固化曲线

图 6-7 表示不同升温速率下固化体系放热与温度的关系图。随着温度升高,固化体系放热增大,升温速率增大,相同温度下放热也增大。从图 6-6 中可以得到固化特征温度见表 6-2。T_i,T_p 和 T_f 分别是固化放热峰的起始温度、峰顶温度和终止温度,随着升温速率的增加,特征温度向高温方向偏移,此现象与 Kissinger 等[26] 报道的结果相符。由于热滞后,DSC 升温速率不同,峰顶温度不同,在测定树脂的固化温度时,会因为升温速率不同导致得到的固化温度不一,实际上树脂通常在恒温或阶段式升温的状态下固化,此时升温速率为 $0^{[27]}$。因此本书采用 $T-\beta$ 外推法求固化体系的等温固化温度(见图 6-8),制定树脂的最佳固化程序。得到特征温度与升温速率的关系式为

$$\left.\begin{aligned} T_i &= 358.30 + 1.274\ 5\beta \\ T_p &= 405.75 + 1.978\ 6\beta \\ T_f &= 433.23 + 4.527\ 8\beta \end{aligned}\right\} \qquad (6-20)$$

当升温速率为 0 时,T_i,T_p,T_f 分别为 358.30 K,405.75 K,433.23 K。从特征温度可以看出,其起始反应温度为 85℃,为简化 IMD 油墨生产工艺,我们选用恒温 85℃ 固化。

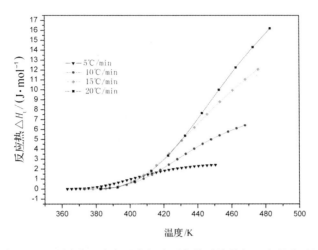

图 6 - 7　不同升温速率下聚氨酯固化体系放热与温度的关系图

表 6 - 2　聚氨酯固化体系的固化特征温度

$\beta/(\text{℃} \cdot \text{min}^{-1})$	T_i/K	T_p/K	T_f/K
5	363.1	413.1	450.6
10	373.0	428.0	488.0
15	378.2	438.2	498.1
20	382.6	442.7	522.6

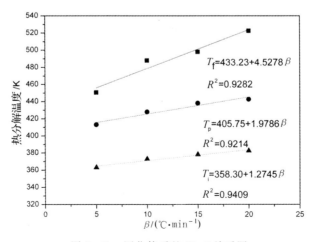

图 6 - 8　固化体系的 T-β 关系图

现在介绍固化体系的反应活化能（E_a）的求解过程，固化体系的反应活化能可以由图 6-9、图 6-10、图 6-11 中线性拟合直线的斜率求得。Kissinger 法求得 $E_a = 62.290$ kJ/mol，Flynn-Wall-Ozawa 法求得 $E_a = 65.978$ kJ/mol，Ozawa method 法求得 $E_a = 65.952$ kJ/mol。通过以上 3 种方法求得的活化能相近，且相关系数大于 0.99 以上，因此聚氨酯反应体系为多组分混合体系。因此，最简单和常用的动力学模型方程可表达为 $f(a) = (1-a)^n$，其中 n 为反应级数，选取 Kissinger 法求得的活化能进一步求取体系的反应级数。反应级数通过 $\dfrac{\mathrm{d}(\ln\beta)}{\mathrm{d}(1/T_p)} = -\left(\dfrac{E}{nR}\right)$ 方程[28] 求解，反应级数求得为 0.897 8。为此，从反应级数可以证明此多组分聚氨酯体系为多级反应体系，其可能涉及的以下两个反应见式（6-21）和式（6-22）：

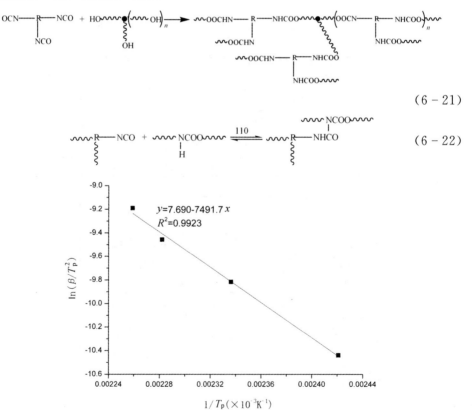

$$(6-21)$$

$$(6-22)$$

图 6-9　Kissinger 方法求解的 $\ln(\beta/T_p^2) - 1/T_p$ 关系图

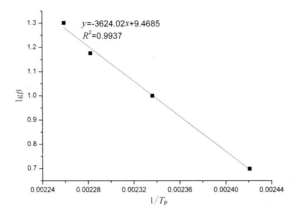

图 6 - 10　Flynn-Wall-Ozawa 方法求解的 $\ln(\beta) - 1/T_p$ 关系图

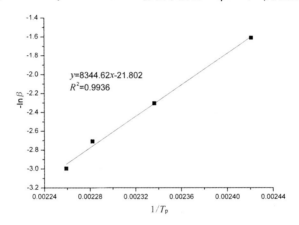

图 6 - 11　Ozawa 方法求解的 $\ln(\beta) - 1/T_p$ 关系图

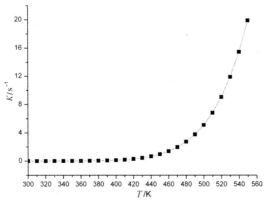

图 6 - 12　固化体系的 $K - T$ 关系图

式(6-21)为多羟基组分与多异氰酸酯组分交联固化生成氨基甲酸酯形成网络结构,式(6-22)为在 110℃ 下过量的多异氰酸酯组分与氨基甲酸酯发生进一步交联反应,提高了其交联密度。将反应级数代入 Arrhenius 方程求得反应速率常数关系式(见式(6-23))为

$$K(T) = A\exp(-E_a/RT) = 1.64 \times e^7 \exp(-7\,491.73/T) \quad (6-23)$$

通过绘制 K-T 关系图如图 6-12 所示。

求得的反应固化速率与固化度的关系式见式(6-24):

$$\frac{\mathrm{d}\alpha}{\mathrm{d}t} = 1.64 \times e^7 \exp(-7\,491.73/T)\,(1-\alpha)^{0.897\,8}, \quad \alpha \in [0,1] \quad (6-24)$$

且求得不同升温速率下固化程度与时间的关系图如图 6-13 所示。

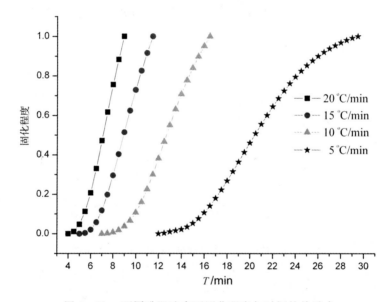

图 6-13 不同升温速率下固化程度与时间的关系式

6.5 IMD 油墨性能分析

油墨膜的耐热性参考国家标准 GB/T 1735《漆膜耐热性测定》[29],漆膜耐热性指漆膜在给定温度下保持其表观状态或力学性能的能力,采用马弗炉加热,达到规定的温度和时间后,以物理性能变化或漆膜表面变化现象表示漆膜的耐热性能。本实验采用耐 300℃ 油墨膜不发生皱皮、鼓泡、开裂或变色等现

象的时间表示油墨膜的耐热性能。油墨的耐水、耐酸、耐碱性涂膜性能测试参照第 2 章 2.3.6 进行。

6.5.1　不同 MEP 的添加量对 IMD 油墨性能的影响

表 6 - 3　IMD(EPU)的油墨性能

IMD(EPU) 油墨样品	MEP 百分含量	铅笔硬度 H	附着力	柔韧性 mm	耐冲击性 J	耐水性	耐酸性	耐碱性	耐 300℃ 温变性
EPU - 100	42%	5	3	4	3.43(35 cm)	4 d 内不退色不脱落	3 d 内不退色不脱落	3 d 内不退色不脱落	1min 不退色,不开裂
EPU - 80	47%	5	3	4	2.94(30 cm)	4 d 内不退色不脱落	3 d 内不退色不脱落	3 d 内不退色不脱落	1min 不退色,不开裂
EPU - 60	52%	6	2	5	1.96(20 cm)	5 d 内不退色不脱落	4 d 内不退色不脱落	3 d 内不退色不脱落	1.5min 不退色,不开裂
EPU - 40	59%	6	2	8	1.47(15 cm)	6 d 内不退色不脱落	4 d 不退色不脱落	4 d 内不退色不脱落	1.5min 不退色,不开裂
EPU - 20	67%	6	2	10	0.98(10 cm)	8 d 内不退色不脱落	5 d 不退色不脱落	4 d 内不退色不脱落	2min 不退色,微裂纹
EPU - 10	72%	6	1	12	0.49(5 cm)	8 d 内不退色不脱落	5 d 不退色不脱落	4 d 内不退色不脱落	2min 不退色,微裂纹

1. 不同 MEP 的添加量对 IMD(EPU)油墨膜硬度的影响

表 6 - 3 为 IMD(EPU)的油墨性能测试结果。由表 6 - 3 可知,所有 IMD(EPU)油墨膜都具有良好的铅笔硬度,表面硬度达 5 H 以上,当 MEP 含量为 42% 时,IMD(EPU)油墨膜的铅笔硬度为 5 H,随着 MEP 含量的增大,刚性链段增多,致使油墨的硬度不断上升,当 MEP 含量达 52% 以上时,IMD(EPU)油墨膜的铅笔硬度达 6 H。

2. 不同 MEP 的添加量对 IMD（EPU）油墨膜附着力的影响

因酚醛环氧树脂含有多官能度，使得酚醛环氧树脂本身具有良好的附着力。由表 6-3 可知，随着 MEP 含量的增大，IMD（EPU）油墨膜的附着力不断提高。当 MEP 的含量为 42％时，IMD（EPU）油墨膜的附着力达到 3 级以上。当 MEP 的含量为 52％时，IMD（EPU）油墨膜的附着力达到 2 级以上。当 MEP 的含量为 72％时，IMD（EPU）油墨膜的附着力达到 1 级。

3. 不同 MEP 的添加量对 IMD（EPU）油墨膜柔韧性的影响

由表 6-3 可知，随着 MEP 含量的增大，IMD（EPU）油墨膜的柔韧性显著下降，当 MEP 的含量为 42％时，其柔韧性为 4 mm，当 MEP 的含量增加为 72％时，其柔韧性下降为 12 mm，其原因为酚醛环氧树脂本身较脆，缺乏柔韧性，致使 IMD（EPU）油墨膜的柔韧性相应下降。

4. 不同 MEP 的添加量对 IMD（EPU）油墨膜耐冲击性的影响

由表 6-3 可知，当 MEP 的含量为 42％时，IMD（EPU）油墨膜的耐冲击性为 35 cm，当 MEP 的含量为 72％时，IMD（EPU）油墨膜的耐冲击性为 5 cm。随着 MEP 含量的增大，所得 IMD（EPU）油墨膜的柔韧性减小，脆性增大，当膜受冲击时，膜容易产生开裂，致使 IMD（EPU）油墨膜的耐冲击性能下降。

5. 不同 MEP 的添加量对 IMD（EPU）油墨膜耐水性的影响

由表 6-3 可知，当 MEP 的含量为 42％时，IMD（EPU）油墨膜的耐水性为 4 d 内不发生退色和脱落。当 MEP 的含量为 52％时，IMD（EPU）油墨膜的耐水性为 5 d 内不发生退色和脱落。当 MEP 的含量为 72％时，IMD（EPU）油墨膜的耐水性为 8 d 内不发生退色和脱落。随着 MEP 添加量的增大，交联密度的增加以及酚醛环氧树脂的弱极性和树脂中含更少的易水解的酯基基团，提高了 IMD（EPU）油墨膜的耐水性。

6. 不同 MEP 的添加量对 IMD（EPU）油墨膜耐酸碱性的影响

由表 6-3 可知，当 MEP 的含量为 42％时，IMD（EPU）油墨膜的耐酸碱性为 3 d 内不发生退色和脱落。当 MEP 的含量为 72％时，IMD（EPU）油墨膜的耐酸碱性分别为 4 d 和 5 d 内不发生退色和脱落。随着 MEP 添加量的增大，交联密度的增加以及含有更少的易水解的酯基基团和酚醛环氧树脂的弱极性抑制了酸碱溶剂的溶胀，致使 IMD（EPU）油墨膜的耐酸碱性增强。

7. 不同 MEP 的添加量对 IMD（EPU）油墨膜耐 300℃ 温变性的影响

油墨主要由颜料和树脂构成，本实验采用钛白做为颜料，为此，在固定颜料成分和含量的情况下，油墨的耐热性主要取决于树脂的耐热性，表现为 IMD

油墨的耐 300℃ 不发生变色、皱皮、鼓泡或开裂等现象的时间。由表 6－3 可知,当 MEP 的含量为 42% 时,IMD(EPU)油墨的耐 300℃ 温变性为 1 min,当 MEP 的含量上升为 67% 时,IMD(EPU)油墨的耐 300℃ 温变性为 2 min,为此,增加 MEP 的含量可以提高 IMD(EPU)油墨的耐 300℃ 温变性。

综上所述,IMD(EPU)油墨的表面硬度、附着力、耐水性、耐酸碱性、耐 300℃ 温变性能够满足 IMD 油墨的性能要求,但是其柔韧性和耐冲击性能达不到 IMD 油墨的性能要求。

6.5.2　不同改性 SiO_2 的添加量对 IMD($EPUA/SiO_2$)油墨性能的影响

1. 不同改性 SiO_2 的添加量对 IMD($EPUA/SiO_2$)油墨膜硬度的影响

表 6－4 为 IMD($EPUA/SiO_2$)的油墨性能测试结果。油墨膜表面硬度与颜料和树脂的刚性有关,且与无机纳米粒子也有很大关系。由表 6－4 可知,随着改性纳米 SiO_2 添加量的增大,IMD($EPUA/SiO_2$)油墨膜的硬度得到提高。不加纳米 SiO_2 粒子的纯聚氨酯油墨表面硬度等级为 4,加入 1% 的改性纳米 SiO_2 粒子后,IMD($EPUA/SiO_2$)油墨膜表面硬度等级上升至 5,加入 3% 或 5% 改性纳米 SiO_2 粒子后,IMD($EPUA/SiO_2$)油墨膜表面硬度等级上升至 6,其原因与改性纳米 SiO_2 粒子在油墨体系中的均匀分散有很大关系,通过改性的纳米粒子表面接枝了环氧丙烯酸树脂聚合物大分子,使得纳米粒子在油墨体系中得到均匀的分散,通过化学键的结合,结合力强,且改性纳米 SiO_2 粒子具有无机物的刚性,纳米 SiO_2 粒子就如同刚性链段般均匀分布在柔性树脂当中,对油墨体系有增强效应,从而提高了 IMD($EPUA/SiO_2$)油墨膜的表面硬度。

表 6－4　IMD($EPUA/SiO_2$)的油墨性能

IMD($EPUA/SiO_2$)油墨样品	柔韧性 mm	耐冲击性 J	铅笔硬度 H	附着力(等级)	耐水性	耐酸性	耐碱性	耐 300℃ 温变性
0% SiO_2	4	1.96(20 cm)	4	3	5 d 后开始脱落	3 d 后开始脱落	3 d 后开始脱落	1 min 变色
1% SiO_2	3	2.94(30 cm)	5	2	8 d 后开始脱落	4 d 后部分膜开裂及脱落	3 d 内无变化	1.5 min 不变色

续 表

IMD（EPUA/SiO₂）油墨样品	柔韧性 mm	耐冲击性 J	铅笔硬度 H	附着力（等级）	耐水性	耐酸性	耐碱性	耐 300℃ 温变性
3% SiO₂	2	3.92(40 cm)	6	1	12 d 后不退色不脱落	5 d 后部分膜开裂无脱落	4 d 后部分膜开裂无脱落	2 min 不变色
5% SiO₂	2	4.41(45 cm)	6	1	14 d 后不退色不脱落	7 d 后部分膜开裂无脱落	5 d 后膜无变化	3 min 不变色
市售 IMD 油墨样品	3	3.92(40 cm)	5	1	7 d	5 d	5 d	1 min 不变色

2. 不同改性 SiO_2 的添加量对 IMD（EPUA/SiO₂）油墨膜耐冲击性的影响

由表 6-4 可知，不加改性纳米粒子 SiO_2 的 IMD 油墨膜的耐冲击性为 20 cm，分别加入 1%,3%,5% 的改性纳米粒子 SiO_2 后，IMD（EPUA/SiO₂）油墨膜的耐冲击性能分别提高至 30 cm,40 cm,45 cm。说明纳米粒子 SiO_2 的加入可以起到增强的作用，提高树脂膜的耐冲击性能。加入的改性纳米粒子 SiO_2 的量越多，说明增强粒子与油墨的相界面更多，交联点更多，当油墨层基体受到力的冲击时，局部会产生微裂纹（银纹），更多的纳米粒子向四周方向分解其应力，吸收了更多的冲击能量，从而更大程度地抑制了银纹向宏观裂纹的扩展，提高了 IMD（EPUA/SiO₂）油墨膜的耐冲击性能。

3. 不同改性 SiO_2 的添加量对 IMD（EPUA/SiO₂）油墨膜柔韧性的影响

由表 6-4 可知，不加改性纳米 SiO_2 粒子 IMD 油墨膜的柔韧性为 4 mm，加入 1% 的改性纳米 SiO_2 粒子之后，IMD（EPUA/SiO₂）油墨膜的柔韧性上升至 3 mm，继续增加 3% 或 5% 的改性纳米 SiO_2 粒子之后，IMD（EPUA/SiO₂）油墨膜的柔韧性上升至 2 mm。这是因为改性纳米 SiO_2 为硅氧硅（Si—O—Si）空间立体网状结构，Si—O 键较长，Si—O—Si 键角很大，使得键之间容易旋转滑动，原子活动能力较好，Si—O—Si 键较为柔软，改性纳米 SiO_2 在油墨体系中起到了增韧的作用。所以加入一定量的纳米 SiO_2 可以提高 IMD（EPUA/SiO₂）油墨膜的柔韧性。

4. 不同改性 SiO_2 的添加量对 IMD（EPUA/SiO_2）油墨膜附着力的影响

由表 6-4 可知，不加改性纳米 SiO_2 粒子 IMD 油墨膜的附着力为 3 级，分别加入 1%，3%，5% 的改性纳米 SiO_2 粒子之后，IMD（EPUA/SiO_2）油墨膜的附着力为 2 级、1 级、1 级。说明随着改性纳米 SiO_2 添加量的增大，IMD（EPUA/SiO_2）油墨膜的附着力得到提高。其原因是由于改性纳米 SiO_2 粒子表面上含双键的偶联剂与环氧丙烯酸树脂聚合物大分子结合，产生了强烈的化学键和作用，使得改性纳米 SiO_2 粒子在油墨体系中分布均一，且纳米 SiO_2 粒子尺寸较小，可以填充到油墨层中的空隙中，使得油墨层更加致密。另外改性纳米 SiO_2 剩余的羟基能与底材上的羟基发生缩合产生化学键作用力。当通过划格法对油墨层进行撕拉作用，油墨层受到外力拉伸时，改性的纳米 SiO_2 就可以大大分散应力，抑制裂纹的扩散和油墨与底材间的剥离。

5. 不同改性 SiO_2 的添加量对 IMD（EPUA/SiO_2）油墨膜耐水性的影响

油墨的耐水性，主要取决于墨体结构的稳定性，而墨体结构的稳定性，又决定于所用颜料和连接料的结合状态，及其颜料的耐水性质。由表 6-4 可知，不加改性纳米 SiO_2 粒子 IMD 油墨膜的耐水性为 5 d，分别加入 1%，3%，5% 的改性纳米 SiO_2 粒子之后，IMD（EPUA/SiO_2）油墨膜的耐水性为 8 d，12 d，14 d。随着改性纳米 SiO_2 含量的增加，IMD（EPUA/SiO_2）油墨膜的耐水性得到明显的提高，改性纳米 SiO_2 微粒的粒径较小，在油墨体系中分散较好，由于油墨体系中有微米级的颜料存在，体系中的空隙需要通过树脂或其他纳米级的物质填充。为此，改性纳米 SiO_2 在油墨膜中良好地充当了填充的作用，而且与树脂的多交联点相互作用力较强，其空间网络结构提高了油墨膜的致密性，减少了空隙产生，且改性纳米 SiO_2 的疏水作用协同提高 IMD（EPUA/SiO_2）油墨膜的耐水性。

6. 不同改性 SiO_2 的添加量对 IMD（EPUA/SiO_2）油墨膜耐酸碱性的影响

油墨主要由颜料和树脂构成，在固定颜料等成分和含量情况下，油墨的耐酸碱性取决于树脂的影响。由表 6-4 可知，当不加改性纳米 SiO_2 时，IMD（EPUA/SiO_2）油墨膜的耐酸碱性为 3 d。当加入 3% 的改性纳米 SiO_2 时，IMD（EPUA/SiO_2）油墨膜的耐酸碱性分别为 4 d 和 5 d。当加入 5% 的改性纳米 SiO_2 时，IMD（EPUA/SiO_2）油墨膜的耐酸碱性分别为 5 d 和 7 d。其原因为随着改性纳米 SiO_2 用量增加，油墨膜的内部交联密度增大，以及改性纳米 SiO_2 的疏水作用增强，使得酸碱介质分子更难渗透和扩散进去油墨膜空隙内，减小活泼基团发生水解反应的程度，从而提高了 IMD（EPUA/SiO_2）油墨膜的耐酸碱性。

7. 不同改性 SiO_2 的添加量对 $IMD(EPUA/SiO_2)$ 油墨膜耐 300℃ 温变性的影响

油墨主要由颜料和树脂构成,本实验采用钛白作为颜料测试,为此,固定颜料成分情况下,油墨的耐热性主要取决于树脂的耐热性,表现为 IMD 油墨的耐 300℃ 不发生变色、皱皮、鼓泡或开裂等现象的时间。由表 6-4 可知,不加改性纳米 SiO_2 时,IMD 油墨耐 300℃ 1 min 后表面变微黄,分别加入 1%,3%,5% 的改性纳米 SiO_2 粒子之后,$IMD(EPUA/SiO_2)$ 油墨膜的耐 300℃ 温变性为 1.5 min,2 min,3 min。随着改性纳米 SiO_2 用量增加,$IMD(EPUA/SiO_2)$ 油墨膜耐 300℃ 不发生变色等现象的时间不断上升,一方面是由于纳米 SiO_2 本身含有高键能,具有良好的耐热性,另外一方面是由于改性纳米 SiO_2 的引入增加了油墨膜的致密性,使得高温热传导能力下降,耐 300℃ 温变性的时间延长。

综上所述,含 3%,5% 的改性纳米 SiO_2 的 $IMD(EPUA/SiO_2)$ 油墨的表面硬度、柔韧性、耐冲击性、附着力、耐水性、耐酸碱性、耐 300℃ 温变性均能满足 IMD 油墨的性能要求。

6.5.3 不同 RMGEO 的添加量对 IMD(EPUA/RMGEO)油墨性能的影响

1. 不同改性石墨烯的添加量对 IMD(EPUA/RMGEO)油墨膜硬度的影响

表 6-5 为 IMD(EPUA/RMGEO)的油墨性能测试结果。如前所述,IMD 油墨膜的表面硬度与树脂有很大关系,从表 6-4 得知,不加纳米 RMGEO 的纯聚氨酯油墨表面硬度等级为 4,分别加入 1%,2%,3% 的纳米 RMGEO 后,IMD(EPUA/RMGEO)油墨膜的表面硬度等级上升到 5,6,6。说明随着纳米 RMGEO 添加量的增大,EPUA/RMGEO 油墨膜的表面硬度得到提高。其原因为 RMGEO 的加入使得树脂膜更加地致密且石墨烯具有极高的高强度、高模量等力学性能使得加入 RMGEO 提高了 EPUA/RMGEO 油墨膜的表面硬度。

2. 不同改性石墨烯的添加量对 IMD(EPUA/RMGEO)油墨膜耐冲击性的影响

由表 6-5 可知,分别加入 0%,1%,2%,3% 的纳米 RMGEO 后,IMD(EPUA/RMGEO)油墨膜的耐冲击性分别为 20 cm,35 cm,40 cm,42 cm。随着纳米 RMGEO 的增加,可以显著提高 EPUA/RMGEO 油墨膜的耐冲击性能。其原因由于石墨烯片层在 IMD 油墨基体中得到了良好的分散,并呈现出各向异性分布特征,使得 IMD 油墨膜在受到外力的冲击时,外力负荷可以通过各向异性的石墨烯片层传到 IMD 油墨基体的各个方向去,改变应力方向,消除了应力集中,吸收了冲击能量,石墨烯承担了增强骨架的作用,提高了 IMD (EPUA/RMGEO)油墨膜的耐冲击性。

表 6 - 5　IMD (EPUA/RMGEO)的油墨性能

油墨样品	柔韧性 mm	耐冲击性 J	铅笔硬度 H	附着力 (等级)	耐水性	耐酸性	耐碱性	耐 300℃ 温变性
EPUA/ RMGEO - 0%	4	1.96(20 cm)	4	3	5 d 开始脱落	3 d 开始脱落	3 d 开始脱落	1 min 变色
EPUA/ RMGEO - 1%	3	3.43(35 cm)	5	2	15 d 内无变化	6 d 内无变化	5 d 无变化	3 min 不变色
EPUA/ RMGEO - 2%	3	3.92(40 cm)	6	1	18 d 内无变化	8 d 内无变化	8 d 无变化	3.5 min 不变色
EPUA/ RMGEO - 3%	4	4.12(42 cm)	6	1	20 d 内无变化	10 d 内无变化	10 d 无变化	4 min 不变色
市售 IMD 油墨样品	3	3.92(40 cm)	5	1	7 d	5 d	5 d	1 min 不变色

3. 不同改性石墨烯的添加量对 IMD(EPUA/RMGEO)油墨膜柔韧性的影响

由表 6 - 5 可知,加入 1% 或 2% 的纳米 RMGEO 之后,IMD(EPUA/ RMGEO)油墨膜的柔韧性增加至 3 mm,但继续增加至 3% 的纳米 RMGEO 之后,IMD(EPUA/RMGEO)油墨膜的柔韧性下降为 4 mm。其原因可能是当膜弯曲时,油墨膜内存在与弯曲面垂直的 RMGEO 片层,使得油墨膜弯曲时容易产生裂纹,致使柔韧性下降。

4. 不同改性石墨烯的添加量对 IMD(EPUA/RMGEO)油墨膜附着力的影响

由表 6 - 5 可知,分别加入 1%,2%,3% 的纳米 RMGEO 可以使 EPUA/ RMGEO 树脂膜的附着力提高到 2,1,1 级,其原因可能是与底材接触的部分还原的 RMGEO 表面上的羟基或羧基基团与底材表面上的羟基或羧基基团发生了化学反应或分子氢键作用,对油墨膜的附着力有促进作用,使 IMD(EPUA/ RMGEO)油墨膜的附着力得到提高。

5. 不同改性石墨烯的添加量对 IMD(EPUA/RMGEO)油墨膜耐水性的影响

如前所述,纳米 RMGEO 对 EPUA/RMGEO 复合树脂的耐水性有显著的提高,同理,纳米 RMGEO 对 IMD(EPUA/RMGEO)油墨膜的耐水性亦有显著的提高。由表 6-5 可知,不加 RMGEO 的 IMD 油墨膜 5 d 后开始发生脱落现象,分别加入 1%,2%,3% 的纳米 RMGEO 可以使 IMD(EPUA/RMGEO)油墨膜的耐水性分别提高到 15 d,18 d,20 d。其原因为 RMGEO 的加入使得油墨膜形成更加致密的空间网络结构以及改性石墨烯本身的疏水作用和片层阻隔作用,阻碍了水向 IMD(EPUA/RMGEO)油墨体系的渗透与扩散,提高了 IMD(EPUA/RMGEO)油墨膜的耐水性能。

6.不同改性石墨烯的添加量对 IMD(EPUA/RMGEO)油墨膜耐酸碱性的影响

同样,由表 6-5 可知,纳米 RMGEO 对 IMD(EPUA/RMGEO)油墨膜的耐酸碱性也有显著的提高。不加 RMGEO 的 IMD 油墨膜 3 d 后开始发生脱落现象,加入 2%,3% 的 RMGEO 后,IMD(EPUA/RMGEO)油墨膜的耐酸碱性都能分别提高至 8 d 和 10 d。同理,膜内部交联密度的增大以及 RMGEO 的疏水作用和片层空间阻隔作用,使得酸碱介质分子更难渗透和扩散进入油墨膜空隙内,减小活泼基团发生水解反应的程度,提高了 IMD(EPUA/RMGEO)油墨膜的耐酸碱性。

7.不同改性石墨烯的添加量对 IMD(EPUA/RMGEO)油墨膜耐 300℃ 温变性的影响

由表 6-5 可知,不加改性纳米 RMGEO 时,IMD 油墨耐 300℃ 1min 后表面变微黄,分别加入 1%,2%,3% 的改性纳米 RMGEO 之后,IMD(EPUA/RMGEO)油墨膜的耐 300℃ 温变性为 3 min,3.5 min,4 min。随着改性纳米 RMGEO 用量增加,IMD(EPUA/RMGEO)油墨膜耐 300℃ 温变性时间增加,其原因是由于石墨烯本身具有良好的耐热性,且改性纳米 RMGEO 的引入增加了油墨膜的致密度,以及片层阻隔作用使得高温热传导能力下降,使得提高了 IMD(EPUA/RMGEO)油墨膜的耐 300℃ 温变性。

综上所述,含 2% 的 RMGEO 的 IMD(EPUA/RMGEO)油墨的表面硬度、柔韧性、耐冲击性、附着力、耐水性、耐酸碱性、耐 300℃ 温变性均能满足 IMD 油墨的性能要求。

6.6　本章小结

(1)选用了前几章制备得到的 EPU,EPUA/SiO$_2$,EPUA/RMGEO 为主体

连接料,松香酚醛树脂 2104 为快干剂,氯化聚丙烯 883S 为附着力促进剂,钛白或炭黑等为颜料,乙酸乙酯和丁酮为溶剂,及润湿分散剂、流平剂、消泡剂等助剂配置成了固含量为 25%～35% 的 IMD 油墨。

(2)采用差示扫描量热 DSC 技术研究了多组分聚氨酯体系的固化动力学,得到了活化能、反应级数、反应速率常数、固化起始温度、峰顶温度、终止温度、固化程度等固化动力学参数,研究表明由 Kissinger 法、Flynn-Wall-Ozawa 法、Ozawa method 法求得的活化能分别为 62.290 kJ/mol, 65.978 kJ/mol, 65.952 kJ/mol,相关系数大于 0.99。T_i, T_p, T_f 分别为 358.30 K, 405.75 K, 433.23 K。且此多组分的聚氨酯体系是反应级数为 0.897 8 的多级反应体系。

(3)考察了 MEP、改性 SiO_2, RMGEO 的不同添加量对 IMD 油墨的涂膜性能影响。结果表明:MEP 具有增硬、耐热、耐水、耐酸碱性作用,可以提高 IMD (EPU)油墨的表面硬度、附着力、耐水、耐酸碱性和耐 300℃ 温变性,但会降低柔韧性和耐冲击性能。改性纳米 SiO_2 具有突出的增韧增强和耐热作用,可以显著提高 IMD($EPUA/SiO_2$)油墨的表面硬度、柔韧性、耐冲击性能、附着力、耐水、耐酸碱性和耐 300℃ 温变性。RMGEO 具有显著的增硬、耐热和耐溶剂性作用,RMGEO 的增加可以提高 EPUA/RMGEO 油墨的硬度、耐冲击性能、附着力,耐水性可以达 20 d 以上,耐酸碱性可以达 10 d 以上,耐 300℃ 4min 不变色。IMD(EPU)油墨的表面硬度、附着力、耐水性、耐酸碱性、耐 300℃ 温变性均能满足 IMD 油墨的性能要求,但其柔韧性和耐冲击性能达不到 IMD 油墨的性能要求。含 3%,5% 改性纳米 SiO_2 的 IMD($EPUA/SiO_2$)油墨和含 2% RMGEO 的 IMD(EPUA/RMGEO)油墨的表面硬度、柔韧性、耐冲击性、附着力、耐水性、耐酸碱性、耐 300℃ 温变性均能满足 IMD 油墨的性能要求。

参 考 文 献

[1]　王文凤,许瑞馨,汪姗姗. 制版工艺与设备[M]. 北京:印刷工业出版社, 2008.

[2]　潘光泉. PRO/ENGINEER 手机结构设计手册[M]. 北京:人民邮电出版社,2007.

[3]　周震,武兵. 印刷油墨的配方设计与生产工艺[M]. 北京:化学工业出版社,2004.

[4]　Chiou B S, Shoen P E. Effects of crosslinking on thermal and

mechanical properties of polyurethanes [J]. Journal of Applied Polymer Science, 2002, 83 (1): 212 – 223.

[5] Athawale V D, Kulkarni M A. Synthesis and performance evaluation of polyurethane/silica hybrid resins [J]. Pigment & Resin Technology, 2011, 40(1):49 – 57.

[6] Paulmer R D A, Shah C S, Patni M J, et al. Effect of crosslinking agents on the structure and properties of polyurethane millable elastomer composites [J]. Journal of Applied Polymer Science, 1991, 43 (10):1953 – 1959.

[7] Morancho J M, Cadenato A, Fernández-Francos X, et al. Isothermal kinetics of photopolymerization and thermal polymerization of bisgma/tegdma resins [J]. Journal of Thermal Analysis and Calorimetry, 2008, 92(2):513 – 522.

[8] Yoo M J, Kim S H, Park S D, et al. Investigation of curing kinetics of various cycloaliphatic epoxy resins using dynamic thermal analysis [J]. European Physical Journal, 2010, 46 (5):1158 – 1162.

[9] Domínguez J C, Alonso M V, Oliet M, et al. Kinetic study of a phenolic-novolac resin curing process by rheological and DSC analysis [J]. Thermochimica Acta, 2010, 498(1 – 2):39 – 44.

[10] Zvetkov V L. Comparative DSC kinetics of the reaction of DGEBA with aromatic diamines: I. Non-isothermal kinetic study of the reaction of DGEBA with mphenylene Diamine [J]. Polymer, 2001, 42 (16): 6687 –6697.

[11] Coats A W, Redfern J P. Kinetic parameters from thermogravimetric data [J]. Nature, 1964, 201: 68 – 69.

[12] Zhang Y H, Xia Z B, Huang H, et al. A degradation study of waterborne polyurethane based on TDI [J]. Polymer Testing, 2009, 28(3):264 – 269.

[13] Ozawa T, Kato T. A simple method for estimating activation energy from derivative thermoanalytical curves and its application to thermal shrinkage of polycarbonate [J]. Journal of Thermal Analysis and Calorimetry, 1991, 37 (6):1299 – 1307.

[14]　Conesa J A, Marcilla A, Caballero J A, et al. Comments on the validity and utility of the different methods for kinetic analysis of thermogravimetric data [J]. Journal of Analytical and Applied Ppyrolysis, 2001, 58 - 59: 617 - 633.

[15]　Rosu D, Mititelu A, Cascaval C N. Cure kinetics of a liquid-crystalline epoxy resin studied by non-isothermal data [J]. Polymer Testing, 2004, 23 (2):209 - 215.

[16]　Ozawa T. A new method of analyzing thermogravimetric data [J]. Bulletin of The Chemical Society of Japan, 1965, 38 (11):1881 - 1886.

[17]　Kordomenos P I, Kresta J E. Thermal stability of isocyanate based polymers. 1. Kinetics of the thermal dissociation of urethane, oxazolidone and isocyanurate groups [J]. Macromolecules, 1981, 14 (5):1434 - 1437.

[18]　Kordomenos P I, Kresta J E, Frisch K C. Thermal stability of isocyanate based polymers. 2. Kinetics of the thermal dissociation of models urethane, oxazolidone and isocyanurate block copolymers [J]. Macromolecules, 1987, 20 (9):2077 - 2083.

[19]　Liu B Y, Li Y, Zhang L, et al. Thermal degradation kinetics of poly (N-adamantyl-exo-nadimide) synthesized by addition polymerization [J]. Journal of Applied Polymer Science, 2007, 103(5): 3003 - 3009.

[20]　Piloyan G O, Ryabchikov I D, Novikova O S. "Determiation of activation energies of chemical reaction by differenttial thermal analysis [J]. Nature, 1966, 212: 1229 - 1229.

[21]　Jubsilp C, Punson K, Takeichi T, et al. Curing kinetics of benzoxazine-epoxy copolymer investigated by non-isothermal differential scanning calorimetry [J]. Polymer Degradation and Stability, 2010, 95 (6): 918 - 924.

[22]　Kissinger H E. Variation of peak temperature with heating rate in differential thermal analysis [J]. Journal of research of the National Bureau of Standards, 1956, 57(4):217 - 221.

[23]　Dowdy D R. Meaningful activation energies for complex systems-I. The application of the Ozawa-Flynn-Wall method to multiple reactions

[J]. Journal of Thermal Analysis，1987，32(1)：137－147.

[24] Ozawa T. Kinetic analysis of derivative curves in thermal analysis [J]. Journal of Thermal Analysis and Calorimetry，1970，2(3)：301－324.

[25] Liu Y L，Cai Z Q，Wen X F，et al. Thermal properties and cure kinetics of a liquid crystalline epoxy resin with biphe Thermochimica Actater mesogen [J]. Thermochimica Acta，2011，513 (1－2)：88－93.

[26] Kissinger H E. Variation of peak temperature with heating rate in differential thermal analysis [J]. Journal of research of the National Bureau of Standards，1956，57 (4)：217－221.

[27] Liu B Y，Li Y，Zhang L，et al. Thermal degradation kinetics of poly (N－adamantyl-exo-nadimide) synthesized by addition polymerization [J]. Journal of Applied Polymer Science，2007，103(5)：3003－3009.

[28] Crane L W，Dynes P J，Kaelble D H. Analysis of curing kinetics in polymer composites [J]. Journal of Polymer Science Part C：Polymer Letters，1973，11 (8)：533－540.

[29] GB/T 1735，色漆和清漆耐热性的测定[S]. 中国：中国石油和化学工业协会，2009.

结   论

IMD 油墨作为一种新兴的环保节能型油墨,其生产和使用工艺节能环保,IMD 技术工艺要求较高,IMD 油墨用的树脂必须具有耐 300℃ 高温,良好的表面硬度、柔韧性、耐冲击性、附着力、耐水和耐酸碱性等性能。本书选用聚氨酯作为 IMD 油墨用树脂为研究对象,重点研究了 IMD 油墨用的聚氨酯复合树脂的制备以及在 IMD 油墨中的应用,主要研究内容和结论有下述几方面。

(1)探讨了改性酚醛环氧树脂(MEP)对环氧基聚氨酯(EPU)的耐热性和涂膜性能的影响。

通过酯化开环法引入具有高耐热性、高表面硬度、多官能度等特性的酚醛环氧树脂(EP)至聚氨酯体系中,研究探讨了苯甲酸改性 EP 制备 MEP 的工艺。当 $n_{环氧}:n_{苯甲酸}=1:0.6$,反应温度为 90℃,催化剂用量为 1%(质量分数),反应时间为 5 h,体系酸值在 5 mgKOH/g 以下时,转化率达到 98% 以上。通过红外、核磁表征了反应物和产物的结构,结果表明 MEP 随着 EP 的开环率增大,其羟值增大,羟基当量减小。通过 TGA 考察了 MEP 对固化产物 EPU 耐热性和涂膜性能的影响,研究表明 EPU 比丙烯酸基聚氨酯(A450/IL1351)耐热性更好,EPU 的 $T_{起始}$ 大于 350℃,$T_{中间}$ 大于 390℃,T_{70} 大于 440℃。随着 MEP 含量的增大,EPU 的耐热性增强,表面硬度、附着力、耐水、耐酸碱性显著提高,但其涂膜较脆,柔韧性、耐冲击性下降。结果表明单一引入 MEP 难以获得综合性能优异的 EPU。

(2)探讨了 EA 对酚醛环氧丙烯酸基聚氨酯(EPUA)的微观形貌和耐热性等影响。

通过丙烯酸改性 EP 得到环氧丙烯酸酯(EA),并与丙烯酸类单体进行溶液聚合得到酚醛环氧丙烯酸酯共聚物(EPAc),且固化后得到 EPUA,考察了 EA 用量对 EPUA 的微观形貌、耐热性和涂膜性能等影响,通过红外和核磁表征了 EA 和 EPAc 的结构,透射电镜(SEM)观察到随着 EA 添加量的增多,EPUA 断裂面的微观形貌呈现出更多的微裂纹,且微相分离程度增加。TGA 表明当添加 5%,10%,15% 的 EA 时,相对于纯丙烯酸基聚氨酯而言,T_5 分别提高了 5℃,17.4℃,27.4℃。随着 EA 量的增大,EPUA 的耐热性也相应地增强。但是当 EA 含量大于 10％以上时,涂膜较脆,通过引入酚醛环氧树脂提高其耐热性受到了涂膜韧性的限制。

(3)探讨了具有空间网状交联结构的改性纳米 SiO₂对环氧丙烯酸基聚氨酯/SiO₂(EPUA/SiO₂)的耐热性、微观形貌以及涂膜性能等影响。

首先通过改进的 Stober 溶胶法,制备了以 DMF 为溶剂的硅溶胶和偶联剂 MPS 改性的 SiO₂溶胶,考察了反应条件对 MPS 改性 SiO₂粒径的影响,研究表明:其平均粒径随温度和 DMF 用量的增加呈减小趋势,随着 $NH_3 \cdot H_2O$,TEOS 和 MPS 用量的增加呈增大趋势。通过 FTIR,TGA,XPS 和接触角测试仪等表征了 SiO₂改性前后的结构变化,研究结果表明:SiO₂改性前后的水接触角分别为 14°和 82°,说明改性后的 SiO₂表面的亲油性增强,更有利于其在树脂基体中的分散。且通过 TEM 观察其在 DMF 中的分散情况,结果表明:未改性的直径为 30 nm 的纳米 SiO₂粒子在 DMF 中以粘连团聚体形式存在,但 MPS 改性后的平均粒径分别为 30 nm,50 nm,80 nm,100 nm,120 nm 的纳米 SiO₂粒子在 DMF 中呈现出较好的单分散性。进一步通过原位聚合法制备得到 SiO₂/环氧丙烯酸树脂(EPAc/SiO₂),该直接添加工艺减少了溶剂的回收成本,将其固化后得到环氧丙烯酸基聚氨酯/SiO₂(EPUA/SiO₂)。通过 TEM 观察到 EPAc/SiO₂呈现核壳结构,内核 SiO₂层为 50 nm 或 100 nm,外壳聚合物层为 20~30 nm。SEM 观察到 EPUA/SiO₂(1％~5％(质量分数))中改性 SiO₂在基体树脂中呈现出良好的分散性,且随着改性 SiO₂含量的增大,冲击断裂面的银纹增多,说明改性 SiO₂具有增韧增强作用。通过热重分析和涂膜性能测试的研究结果表明:添加 1％,3％,5％的改性 SiO₂,相对于 EPUA 而言,EPUA/SiO₂的 T_5 分别提高了 3℃,5.7℃,6.9℃;T_{10} 分别提高了 8.2℃,13.3℃,17℃;T_{15} 分别提高了 13.2℃,18.3℃,27℃;T_{50} 分别提高了 10.6℃,18.3℃,29.5℃。随着 SiO₂含量的增加,其耐热性、耐冲击性、柔韧性、表面硬度、附着力、耐水、耐酸碱性都能得到显著提高。以上结果表明在 EPUA 的基础上引入改性纳米 SiO₂可以提高其耐热性及其他涂膜性能。

(4)探讨了具有片层状结构的改性纳米石墨烯(RMGEO)对纳米改性石墨烯/环氧丙烯酸基聚氨酯(EPUA/RMGEO)的微观结构、耐热性以及涂膜性能的影响。

首先以石墨为原料制备得到了氧化石墨(GO)、氧化石墨烯(GEO)、改性石墨烯(MGEO)、还原改性氧化石墨烯(RMGEO)。通过 FTIR,XRD,TGA,XPS 等表征了以上石墨烯源生物的结构变化,研究结果表明:GEO 表面引入了 30%(质量分数)的—OH,—COOH 等含氧基团。GO,GEO,MGEO 对应的层间距依次增大,分别为 0.334 8 nm($2\theta=26.59°$),0.782 1 nm($2\theta=11.30°$),0.821 0 nm($2\theta=10.77°$),0.846 0 nm($2\theta=10.44°$)。且 GEO,MGEO,RMGEO 的 C/O 比例分别为 1.78,2.59,8.57。且利用 SEM 和 TEM 观察了以上石墨烯源生物的微观形貌,结果表明:天然鳞片石墨为边界尺寸为 4~8.2 μm 的层状结构,GO 为沟壑间距约为 700 nm 的沟壑状表面形貌,GEO 为翘脊间距约为 400 nm 的翘脊结构表面形貌,MGEO 为不规整的褶皱间距约为120 nm 的褶皱结构表面形貌。且 GEO 和 MGEO 的片层厚度分别为 9.7 nm 和6.7 nm,两者都为由小于 10 层的石墨烯片层堆叠而成。然后通过原位聚合法制备得到改性石墨烯/环氧丙烯酸树脂(EPAc/RMGEO),固化后得到改性石墨烯/环氧丙烯酸基聚氨酯(EPUA/RMGEO)。通过 SEM 观察到完全还原的 1%RMGEO 的 EPUA/RMGEO 存在严重的团聚现象,而还原率为 44.2%的 1%RMGEO,2%RMGEO,3%RMGEO 的 EPUA/RMGEO 中 RMGEO 在树脂基体呈现良好的分散性。且 TGA 分析结果表明:相对于 EPUA 而言,EPUA/RMGEO 的 T_5 分别提高了 6.1℃,11.5℃,18.2℃;T_{10} 分别提高了 11.2℃,16.6℃,25.8℃;T_{15} 分别提高了 3.7℃,9.1℃,18.3℃;T_{50} 分别提高了 11.2℃,21.6℃,29.8℃。随着 RMGEO 含量的增加,EPUA/RMGEO 的耐热性增强。涂膜性能测试结果表明:随着 RMGEO 含量的增加,耐冲击性、表面硬度、耐水性、耐酸碱性得到极大的提高,硬度达到了 6 H,耐水性和耐酸碱性数月内不发生褪色或脱落现象。以上结果表明在 EPUA 的基础上引入 RMGEO 可以提高其耐热性及其他涂膜性能,且对耐水耐酸碱性的提高尤为显著。

(5)探讨了聚氨酯多组分体系的固化动力学,为 IMD 油墨生产工艺提供理论参考。研究结果表明:A450/RD181/2104/N3390 多组分体系的反应级数为 0.897 8,活化能约为 65 kJ/mol,起始固化温度为 358.30 K,聚氨酯体系的反应速率常数与温度的关系式为

$$K(T)=A\exp(-E_a/RT)=1.64*e^7\exp(-7\ 491.73/T)$$

其反应固化速率与固化度的关系式为

$$\frac{d\alpha}{dt}=1.64*e^7\exp(-7\ 491.73/T)(1-\alpha)^{0.897\ 8},\quad \alpha\in[0,1]$$

分别选用了 EPU,EPUA/SiO₂,EPUA/RMGEO 为主体树脂配置成了固含量为 25%~35%(质量分数)的 3 种 IMD 油墨。IMD 油墨的涂膜性能测试

结果表明：MEP 具有增硬、耐热、耐水和耐酸碱性作用，可以显著提高 IMD（EPU）油墨的表面硬度、附着力、耐水、耐酸碱性和耐 300℃温变性，但不利于其柔韧性和耐冲击性能。改性纳米 SiO_2 具有突出的增韧增强和耐热作用，可以显著提高 IMD（EPUA/SiO_2）油墨的表面硬度、柔韧性、耐冲击性能、附着力、耐水、耐酸碱性和耐 300℃温变性。RMGEO 具有显著的增硬、耐热和耐溶剂性作用，RMGEO 可以显著提高 EPUA/RMGEO 油墨的硬度、耐冲击性能、附着力，耐水性可以达 20 d 以上，耐酸碱性可以达 10 d 以上，耐 300℃ 4 min 不变色。IMD（EPU）油墨的表面硬度、附着力、耐水性、耐酸碱性、耐 300℃温变性能够满足 IMD 油墨的性能要求，但其柔韧性和耐冲击性能达不到 IMD 油墨的性能要求。含 3%,5% 改性纳米 SiO_2 的 IMD（EPUA/SiO_2）油墨和含 2% RMGEO 的 IMD（EPUA/RMGEO）油墨的表面硬度、柔韧性、耐冲击性、附着力、耐水性、耐酸碱性、耐 300℃温变性均能满足 IMD 油墨的性能要求。

展　　望

  本书依据 IMD 油墨性能的要求,通过化学键的方式引入高键能的有机和无机物至聚氨酯复合体系以提高其耐热性能,通过引入纳米 SiO_2 和 RMGEO 以起到增韧增强作用和提高耐热性等性能。研究了 MEP、改性纳米 SiO_2 和 RMGEO 对聚氨酯复合树脂的微观形态、耐热性、柔韧性、抗冲击性能、附着力、耐酸碱性能等影响,并探讨了 EPU,EPUA/SiO_2 和 EPUA/RMGEO 3 种树脂在 IMD 油墨中的应用。结果表明含 3％,5％改性纳米 SiO_2 的 IMD(EPUA/SiO_2)油墨和含 2％RMGEO 的 IMD(EPUA/RMGEO)油墨能够满足 IMD 油墨性能的要求。但由于工作量较大且时间较为紧迫,目前还有以下几方面的工作需要进一步研究:

  (1)本书通过对 Stober 溶胶法进行改进,换以 DMF 为溶剂制备改性 SiO_2 溶胶,通过直接添加法制备得到聚氨酯/SiO_2 有机无机杂化树脂,其工艺减少了溶剂的回收成本,且改性纳米 SiO_2 在聚氨酯体系中呈现良好分散。因此,为推广其应用范围,有必要继续探讨使用其他合适的溶剂制备改性 SiO_2 溶胶,并直接应用于其他树脂体系,并进一步深入探讨纳米粒子的生长机理。

  (2)本书通过 XRD,SEM 和 TEM 等表征手段了解到石墨烯呈现片状层分布在聚氨酯复合树脂体系中,TGA 表明 RMGEO 能提高其耐热性和硬度等性能,值得注意的是 RMGEO 对提高复合树脂的耐水和耐酸碱性非常显著,本书对其机理只做了初步分析,还有待于进一步深入的研究。